石油企业岗位练兵手册

钻井地质工

大庆油田有限责任公司 编

石油工业出版社

图书在版编目（CIP）数据

钻井地质工/大庆油田有限责任公司编．
北京：石油工业出版社，2013.10
　（石油企业岗位练兵手册）
　ISBN 978-7-5021-9783-4

Ⅰ. 钻⋯
Ⅱ. 大⋯
Ⅲ. 油气钻井-工程地质-技术手册
Ⅳ. TE142-62

中国版本图书馆 CIP 数据核字（2013）第 218476 号

出版发行：石油工业出版社
　　　　（北京安定门外安华里2区1号　100011）
　　网　　址：http：//pip.cnpc.com.cn
　　编辑部：（010）64523580　发行部：（010）64523620
经　　销：全国新华书店
印　　刷：北京中石油彩色印刷有限责任公司

2013年10月第1版　2013年10月第1次印刷
787×1092 毫米　开本：1/32　印张：3.875
字数：88 千字

定价：15.00 元
（如出现印装质量问题，我社发行部负责调换）
版权所有，翻印必究

《石油企业岗位练兵手册》编委会

主　　　任：王建新
副　主　任：赵玉昆
委　　　员：宋　俭　董洪亮　吴景刚　全海涛
　　　　　　戴　莹　王　旭

本书编审组

主　　　编：牟一波
副　主　编：林广庆　王红燕　曹　剑　姜道华
编审组成员：段宏伟　康保东　田　野　王英南
　　　　　　张　颖　刘红玉

前　言

　　岗位练兵是大庆油田的优良传统，是强化基本功训练、提升员工素质的重要手段。新时期、新形势下，按照全面加强三基工作的有关要求，为进一步强化和规范经常性岗位练兵活动，切实提高基层员工队伍的基本素质，按照"实际、实用、实效"的原则，大庆油田有限责任公司人事部组织编写了《石油企业岗位练兵手册》丛书。围绕提升政治素养和业务技能的要求，本套丛书架构分为基本素养、基础知识、基本技能三部分。基本素养包括企业文化（大庆精神、铁人精神、优良传统）和职业道德等内容，基础知识包括与工种岗位密切相关的专业知识和 HSE 知识等内容，基本技能包括操作技能和常见故障判断处理等内容。本套丛书的编写，严格依据最新行业规范和技术标准，同时充分结合目前专业知识更新、生产设备调整、操作工艺优化等实际情况，具有突出的实用性和规范性的特点，既能作为基层开展岗位练兵、提高业务技能的实用教材，也可以作为员工岗位自学、单位开展技能竞赛的参考资料。

　　希望本套丛书的出版能够为各石油企业有所借鉴，为持续、深入地抓好基层全员培训工作，不断提升员工队伍整体素质,为实现石油企业科学发展提供人力资源保障。同时,也希望广大读者对本套丛书的修改完善提出宝贵意见,以便今后修订时能更好地规范和丰富其内容,为基层扎实有效地开展岗位练兵活动提供有力支撑。

编 者
2013年3月

目　录

第一部分　基本素养

一、企业文化 ································· 1

（一）名词解释 ······························ 1

1. 大庆精神 ······························· 1
2. 铁人精神 ······························· 1
3. 艰苦奋斗的六个传家宝 ················· 1
4. 三老四严 ······························· 2
5. 四个一样 ······························· 2
6. 思想政治工作"两手抓" ················· 2
7. 岗位责任制 ····························· 2
8. 三基工作 ······························· 2
9. 四懂三会 ······························· 2
10. 五条要求 ······························ 2
11. 新时期铁人 ···························· 2
12. 大庆新铁人 ···························· 2

（二）问答 ·································· 2

1. 简述大庆油田名称的由来。 ············· 2
2. 中共中央何时批准大庆石油会战？ ······ 3
3. 什么是"两论"起家？ ·················· 3

4. 什么是"两分法"前进？ …………………………… 3
5. 简述会战时期"五面红旗"及其具体事迹。 ……… 3
6. 大庆投产的第一口油井和试注成功的第一口水井各是什么？ …………………………………………………… 4
7. 会战时期讲的"三股气"是指什么？ ……………… 4
8. 什么是"九热一冷"工作法？ ……………………… 4
9. 什么是"三一"、"四到"、"五报"交接法？ ……… 4
10. 大庆油田原油年产5000万吨以上持续稳产的时间是哪年？ …………………………………………………… 5
11. 中国石油天然气集团公司核心经营管理理念是什么？ ……………………………………………………………… 5
12. 中国石油天然气集团公司企业精神是什么？ …… 5
13. 新时期新阶段三基工作的基本内涵是什么？ …… 5
14. "十二五"时期，中国石油天然气集团公司全面推进三基工作新的重大工程的总体思路是什么？ ……………… 6
15. 中国石油天然气集团公司全面推进三基工作新的重大工程的主要目标是什么？ ………………………………… 6

二、职业道德 …………………………………………… 6

（一）名词解释 ………………………………………… 6
1. 道德 ……………………………………………… 6
2. 职业道德 ………………………………………… 6
3. 爱岗敬业 ………………………………………… 6
4. 诚实守信 ………………………………………… 6
5. 劳动纪律 ………………………………………… 7

（二）问答 ……………………………………………… 7
1. 社会主义精神文明建设的根本任务是什么？ …… 7
2. 我国社会主义思想道德建设的基本要求是什么？ … 7

3. 为什么要遵守职业道德？ ……………………… 7
4. 爱岗敬业的基本要求是什么？ ………………… 7
5. 诚实守信的基本要求是什么？ ………………… 8
6. 职业纪律的重要性是什么？ …………………… 8
7. 合作的重要性是什么？ ………………………… 8
8. 奉献的重要性是什么？ ………………………… 8
9. 奉献的基本要求是什么？ ……………………… 8
10. 企业员工应具备的职业素养是什么？ ………… 8
11. 培养"四有"职工队伍的主要内容是什么？ …… 8
12. 如何做到团结互助？ …………………………… 8
13. 职业道德行为养成的途径和方法是什么？ …… 9
14. 中国石油天然气集团公司员工职业道德规范具体内容是什么？ ……………………………………………… 9
15. 对违纪员工的处理原则是什么？ ……………… 9
16. 对员工的奖励包括哪几种？ …………………… 9
17. 对员工的行政处分包括哪几种？ ……………… 10
18. 《中国石油天然气集团公司反违章禁令》有哪些规定？ ……………………………………………………… 10

第二部分 基 础 知 识

一、专业知识 …………………………………………… 11

（一）名词解释 ……………………………………… 11

1. 钻时 …………………………………………… 11
2. 岩屑迟到时间 ………………………………… 11
3. 方入 …………………………………………… 11
4. 方余 …………………………………………… 11
5. 地补距 ………………………………………… 11

6. 到底方入	11
7. 套补距	11
8. 钻头	11
9. 水眼	11
10. 井侵	12
11. 溢流	12
12. 井涌	12
13. 井喷	12
14. 井喷失控	12
15. 钻具	12
16. 井漏	12
17. 中途测试	12
18. 射孔完井	12
19. 试气	12
20. 联入	13
21. 井深	13
22. 矿物解理	13
23. 矿物断口	13
24. 岩石结构	13
25. 岩石构造	13
26. 火成岩	13
27. 变质岩	13
28. 沉积岩	13
29. 裂缝	13
30. 储层	13
31. 盖层	13
32. 地质年代	14

33. 凝析气 …………………………………………… 14
34. 凝析油 …………………………………………… 14
35. 同生断层 ………………………………………… 14
36. 岩石的有效渗透率（又称为相渗透率） ……… 14
37. 岩石的相对渗透率 ……………………………… 14
38. 标准化石 ………………………………………… 14
39. 岩石的总孔隙度 ………………………………… 14
40. 普通电阻率测井法 ……………………………… 14
41. 探明储量 ………………………………………… 14
42. 控制储量 ………………………………………… 14
43. 油（气）层对比 ………………………………… 15
44. 异常高压 ………………………………………… 15
45. 生储盖组合 ……………………………………… 15
46. 煤层气 …………………………………………… 15
47. 石油 ……………………………………………… 15
48. 矿物 ……………………………………………… 15
49. 风化壳 …………………………………………… 15
50. 岩石孔隙度 ……………………………………… 15
51. 地下水 …………………………………………… 15
52. 主要矿物 ………………………………………… 15
53. 角度不整合 ……………………………………… 16
54. 成岩作用 ………………………………………… 16
55. 韵律层理 ………………………………………… 16
56. 递变层理 ………………………………………… 16
57. 地质录井 ………………………………………… 16
58. 钻井液 …………………………………………… 16
59. 密度 ……………………………………………… 16

60. 钻井液录井 …… 16
61. 岩屑 …… 16
62. 岩屑录井 …… 16
63. 荧光录井 …… 17
64. 湿照 …… 17
65. 干照 …… 17
66. 岩心 …… 17
67. 岩心录井 …… 17
68. 两图一表 …… 17
69. 钻井取心层位卡准率 …… 17
70. 标准层 …… 17
71. 探井 …… 17
72. 预探井 …… 17
73. 完井方法 …… 17
74. 裸眼完井 …… 17
75. 卡钻 …… 17
76. 打捞 …… 18
77. 套压 …… 18
78. 扭矩 …… 18
79. 套管完井 …… 18
80. 筛管完井 …… 18
81. 开发井 …… 18
82. 参数井 …… 18
83. 基准井 …… 18
(二) 问答 …… 18
1. 综合记录应记录哪些内容? …… 18
2. 松辽盆地油层组合及对应层位是什么? …… 19

3. 简述系列对比步骤。…………………………………… 19
4. 出现油气侵收集哪些数据？…………………………… 19
5. 预探井与评价井的区别是什么？……………………… 19
6. 简述双侧向测井曲线的应用。………………………… 20
7. 确定测试层位的基本原则是什么？…………………… 20
8. 录井过程中，出现井涌、井喷、溢流时，要收集哪些资料？……………………………………………………… 20
9. 录井过程中，出现井漏时，要收集哪些资料？……… 20
10. 水侵时要收集哪些资料？……………………………… 20
11. 井口显示分为哪几类？其分类标准是什么？………… 21
12. 槽面观察应记录哪些内容？…………………………… 21
13. 钻遇油、气层时采集员应收集哪些主要的钻井液资料？…………………………………………………………… 21
14. 岩心描述中，构造的描述应描述哪些内容？………… 21
15. 层理的类型分为哪几种？……………………………… 21
16. 层面描述包括几种构造？……………………………… 22
17. 化石的描述包括哪些？………………………………… 22
18. 碳酸盐岩颗粒包括哪几类？…………………………… 22
19. 碳酸盐岩构造包括哪几类？…………………………… 22
20. 碳酸盐岩描述中，缝、洞的描述内容有哪些？……… 22
21. 怎样计算裂缝和孔洞的密度、裂缝开启程度与孔洞连通程度？……………………………………………………… 22
22. 真岩屑具有哪些特点？………………………………… 22
23. 岩屑描述的大致方法有哪些？………………………… 23
24. 岩屑描述的分层原则是什么？………………………… 23
25. 岩屑描述内容有哪些？………………………………… 23
26. 钻井液在钻井工程中的作用是什么？………………… 23

27. 钻具的作用是什么？ …………………………… 24
28. 采集员的岗位职责有哪些？ ………………………… 24
29. 松辽盆地哪些地层之间为不整合接触，哪些为假整合接触？ ……………………………………………… 24
30. 怎么控制完钻层位？ …………………………………… 24
31. 完钻测井曲线出来后，需要做哪些复查工作？ … 25
32. 试油、试气的目的和任务是什么？ ………………… 25
33. 简述同生断层的基本特征。 ………………………… 25
34. 什么是同沉积背斜，它具有什么特点？ …………… 25
35. 简述盆地评价的主要内容。 ………………………… 26
36. 简述区域勘探部署的基本原则。 …………………… 26
37. 简述圈闭评价的基本内容。 ………………………… 26
38. 资源评价的地质分析有哪几方面的内容？ ……… 26
39. 简述设计井壁取心的原则。 ………………………… 27
40. 简述岩屑录井剖面解释原则。 ……………………… 27
41. 简述岩心归位原则。 ………………………………… 27
42. 简述地层划分的依据和主要的地层对比方法。 … 28
43. 如何划分砂泥岩剖面渗透层？ ……………………… 28
44. 编写探井地质设计的主要项目有哪些？ ………… 28
45. 岩心滴水试验分哪几级？ …………………………… 28
46. 地质监督的主要任务是什么？ ……………………… 29
47. 简述预探井试油气选层的基本原则。 ……………… 29
48. 录井现场常用的荧光录井方法有哪些？ ………… 29
49. 录井现场所测量钻井液全套性能主要有哪些？ … 29
50. 录井现场怎样测定迟到时间？ ……………………… 29
51. 录井现场对录井仪器计算机管理有哪些要求？ … 30
52. 卡取取心层位有几种方法？ ………………………… 30

二、HSE 知识 ·· 30
（一）名词解释 ··· 30
1. 静电 ··· 30
2. 触电 ··· 30
3. 跨步电压触电 ······································ 30
4. 保护接零 ··· 30
5. 保护接地 ··· 30
6. 燃烧 ··· 31
7. 闪燃 ··· 31
8. 自燃 ··· 31
9. 着火 ··· 31
10. 爆燃 ·· 31
11. 爆炸极限 ·· 31
12. 易燃液体 ·· 31
13. 火灾 ·· 31
14. 冷却法 ··· 31
15. 窒息法 ··· 31
16. 隔离法 ··· 31
17. 危险化学品 ······································· 31
18. 噪声 ·· 31
19. 高空作业 ·· 32
20. 悬空高空作业 ···································· 32
21. 井控 ·· 32
22. 污染预防 ·· 32

（二）问答 ··· 32
1. 哪些物质易产生静电？ ························· 32
2. 该物质产生静电的条件是什么？ ············· 32

3. 为什么静电能将可燃物引燃？ …… 32
4. 防止静电有哪几种措施？ …… 32
5. 消除静电的方法有几种？ …… 33
6. 人体发生触电的原因是什么？ …… 33
7. 触电分为哪几种？ …… 33
8. 触电的现场急救方法主要有几种？ …… 33
9. 发生人身触电应该怎么办？ …… 33
10. 如何使触电者脱离电源？ …… 33
11. 预防触电事故的措施有哪些？ …… 34
12. 安全用电注意事项有哪些？ …… 34
13. 燃烧分为哪几类？ …… 34
14. 燃烧必须具备哪几个条件？ …… 34
15. 火灾过程一般分为哪几个阶段？ …… 35
16. 扑救火灾的原则是什么？ …… 35
17. 灭火有哪些方法？ …… 35
18. 目前油田常用的灭火器有哪些？ …… 35
19. 手提式干粉灭火器如何使用？适用哪些火灾的扑救？ …… 35
20. 使用干粉灭火器的注意事项有哪些？ …… 35
21. 如何检查管理干粉灭火器？ …… 35
22. 如何报火警？ …… 36
23. 点火时要做到的"三不点"指的是什么？ …… 36
24. 对火灾事故"四不放过"的处理原则是什么？ … 36
25. 为什么要使用防爆电气设备？ …… 36
26. 防爆有哪些措施？ …… 36
27. 高空作业级别是如何划分的？ …… 37
28. 高处坠落的原因是什么？ …… 37

29. 安全带通常使用期限为几年？几年抽检一次？ … 37
30. 使用安全带时有哪些注意事项？ … 37
31. 哪些原因容易导致发生机械伤害？ … 37
32. 为防止机械伤害事故，有哪些安全要求？ … 37
33. 哪些伤害必须就地抢救？ … 38
34. 外伤急救步骤是什么？ … 38
35. 有害气体中毒急救措施有哪些？ … 38
36. 烧烫伤急救要点是什么？ … 38
37. 触电急救有哪些原则？ … 38
38. 触电急救要点是什么？ … 38
39. 如何判定触电伤员呼吸、心跳？ … 39
40. 高空坠落急救要点是什么？ … 39
41. 如何进行口对口（鼻）人工呼吸？ … 39
42. 如何对伤员进行胸外按压？ … 39
43. 烟头为什么会引起火灾？ … 40
44. 石油蒸气为什么容易爆炸？ … 40
45. 油气井、站设备动火时，油气浓度必须低于爆炸下限多少？ … 40
46. 石油爆炸火灾有哪些特点？ … 40
47. 发生石油爆炸火灾有哪些原因？ … 41
48. 录井现场职业健康防护要求有哪些？ … 41
49. 录井准备安全要求有哪些？ … 41
50. 录井作业安全要求有哪些？ … 43
51. 录井现场环境要求有哪些？ … 44
52. 录井现场应急要求有哪些？ … 44
53. 当现场发生紧急情况时，现场人员应如何进行应急响应？ … 45

54. 录井现场对不可回收的有毒有害废弃物是如何处理的? ……… 45

第三部分 基本技能

一、操作技能 …………………………… 46

1. 钻具丈量 ………………………………… 46
2. 方入丈量 ………………………………… 47
3. 套管丈量 ………………………………… 47
4. 实物测量迟到时间 ……………………… 48
5. 正常录井条件下岩屑的捞取 …………… 49
6. 水基钻井液条件下岩屑的清洗 ………… 50
7. 油基钻井液条件下岩屑的清洗 ………… 50
8. 岩屑的干燥处理 ………………………… 51
9. 岩屑的整理 ……………………………… 52
10. 去除假岩屑的操作 …………………… 52
11. 煤层的识别 …………………………… 53
12. 油页岩的识别 ………………………… 53
13. 含油岩屑的识别 ……………………… 54
14. 含油岩屑与矿物发光岩屑的区分 …… 55
15. 含油岩屑百分含量的确定 …………… 55
16. 岩屑描述的步骤 ……………………… 56
17. 岩心的出筒 …………………………… 57
18. 岩心出筒的观察 ……………………… 58
19. 岩心的清洗 …………………………… 58
20. 密闭取心岩心的清洗 ………………… 59
21. 岩心对接的操作 ……………………… 59
22. 岩心劈心的操作 ……………………… 60

23. 岩心丈量 ·· 60
24. 岩心标识 ·· 61
25. 岩心装盒的操作 ·· 61
26. 岩心含油级别的确定 ····································· 62
27. 岩心含水级别的确定 ····································· 63
28. 岩心、岩屑含钙程度的确定 ·························· 63
29. 含气岩心的观察描述 ····································· 64
30. 岩心描述的步骤 ·· 65
31. 设计井壁取心的步骤 ····································· 65
32. 井壁取心的跟踪 ·· 66
33. 常规井壁取心的出筒与整理 ·························· 67
34. 旋转井壁取心的出筒与整理 ·························· 67
35. 井壁取心描述的步骤 ····································· 68
36. 钻井液密度计的校准 ····································· 68
37. 钻井液密度的测量 ·· 69
38. 钻井液黏度的测量 ·· 70
39. 钻井液泥饼和失水的测量 ······························ 70
40. 钻井液六速旋转黏度计的操作 ······················ 72
41. 钻井液含砂量的测定 ····································· 73
42. 氯离子滴定的操作 ·· 74
43. 荧光检查 ·· 75
44. 荧光滴照 ·· 75
45. 荧光系列对比 ··· 76
46. 发光矿物识别 ··· 76
47. 成品油识别 ·· 77
48. 选取岩屑手标本 ·· 77
49. 选取岩屑轻烃分析样品 ································· 78

50. 选取岩屑热解分析样品 …… 78
51. 选取岩心分析样品 …… 79
52. 选取岩心全直径分析样品 …… 79
53. 选取岩心手标本 …… 80
54. 选取岩心热解分析样品 …… 80
55. 选取岩心轻烃分析样品 …… 81
56. 选取岩心荧光显微图像分析样品 …… 81
57. 选取钻井液轻烃分析样品 …… 82
58. 托盘天平的使用步骤 …… 82
59. 酒精灯的使用步骤 …… 83
60. 清洗试管的步骤 …… 84
61. 盐酸配比的步骤 …… 84
62. 盐酸装入滴瓶的步骤 …… 85
63. 制备岩屑图像分析样品 …… 85
64. 选取、制备二维荧光分析样品 …… 86
65. 校验岩石热解分析仪器 …… 86
66. YQ-Ⅵ型油气显示评价仪操作步骤 …… 87
67. 观察槽面油气显示 …… 88
68. 卡取钻井取心层位 …… 88
69. 卡取完钻层位 …… 89
70. 填写荧光检查记录 …… 90
71. 填写录井综合记录 …… 90
72. 填写钻井液使用情况记录 …… 91
73. 填写钻具组合记录 …… 92
74. 填写滤纸片 …… 92
75. 填写岩心入库通知单 …… 93
76. 填写完钻测井通知单 …… 93

77. 录入录井综合记录 ……………………………… 94
78. 录入钻井取心描述记录 ………………………… 95
79. 录入岩屑描述记录 ……………………………… 96
80. 录入钻井液使用情况记录 ……………………… 98
81. 绘制随钻岩屑录井图 …………………………… 99
82. 绘制岩心录井草图 ……………………………… 100

第一部分 基本素养

一、企业文化

(一) 名词解释

1. 大庆精神：为国争光、为民族争气的爱国主义精神；独立自主、自力更生的艰苦创业精神；讲究科学、"三老四严"的求实精神；胸怀全局、为国分忧的奉献精神。

2. 铁人精神："为国分忧、为民族争气"的爱国主义精神；为"早日把中国石油落后的帽子甩到太平洋里去"，"宁肯少活20年，拼命也要拿下大油田"的忘我拼搏精神；为干革命"有条件要上，没有条件创造条件也要上"的艰苦奋斗精神；"要为油田负责一辈子"，"干工作要经得起子孙后代检查"，对技术精益求精，为革命"练一身硬功夫、真本事"的科学求实精神；"甘愿为党和人民当一辈子老黄牛"，不计名利，不计报酬，埋头苦干的奉献精神。

3. 艰苦奋斗的六个传家宝："人拉肩扛"精神，"干打垒"精神，"五把铁锹闹革命"精神，"缝补厂"精神，"回收队"精神，"修旧利废"精神。

4. 三老四严：对待革命事业，要当老实人，说老实话，办老实事；对待工作，要有严格的要求，严密的组织，严肃的态度，严明的纪律。

5. 四个一样：黑天和白天一个样，坏天气和好天气一个样，领导不在场和领导在场一个样，没有人检查和有人检查一个样。

6. 思想政治工作"两手抓"：抓生产从思想入手，抓思想从生产出发。这是大庆正确处理思想政治工作与经济工作关系的基本原则，也是大庆思想政治工作的一条基本经验。

7. 岗位责任制：岗位专责制、交接班制、巡回检查制、设备维修保养制、质量负责制、岗位练兵制、安全生产制、班组经济核算制。

8. 三基工作：以党支部建设为核心的基层建设，以岗位责任制为中心的基础工作，以岗位练兵为主要内容的基本功训练。

9. 四懂三会：懂设备性能、懂结构原理、懂操作要领、懂维护保养；会操作，会保养，会排除故障。

10. 五条要求：人人出手过得硬，事事做到规格化，项项工程质量全优，台台在用设备完好，处处注意勤俭节约。

11. 新时期铁人：王启民。

12. 大庆新铁人：李新民。

（二）问答

1. 简述大庆油田名称的由来。

1959年9月26日，建国十周年大庆前夕，位于黑龙江省原肇州县大同镇附近的松基三井喷出了具有工业价值的油流，为了纪念这个大喜大庆的日子，当时黑龙江省委第一书记欧阳钦同志建议将该油田定名为大庆油田。

2. 中共中央何时批准大庆石油会战?

1960年2月13日,石油工业部以党组的名义向中共中央、国务院提出了《关于东北松辽地区石油勘探情况和今后工作部署问题的报告》,1960年2月20日中共中央正式批准大庆石油会战。

3. 什么是"两论"起家?

1960年4月10日,大庆石油会战一开始,会战领导小组就以石油工业部机关党委的名义做出了《关于学习毛泽东同志所著〈实践论〉和〈矛盾论〉的决定》,号召广大会战职工学习毛泽东同志的《实践论》、《矛盾论》和毛泽东同志的其他著作,以马列主义、毛泽东思想指导石油大会战,用辩证唯物主义的立场、观点、方法,认识油田规律,分析和解决会战中遇到的各种问题。广大职工说,我们的会战是靠"两论"起家的。

4. 什么是"两分法"前进?

1964年,《人民日报》发表了《大庆精神大庆人》长篇通讯。毛泽东同志发出了"工业学大庆"的号召。当时,又正值毛泽东同志发表了《加强相互学习,克服固步自封、骄傲自满》。石油工业部党组根据油田实际抓住时机,及时在全体职工中进行了"两分法"教育。"两分法"的主要内容是:在任何时候,对任何事情,都要运用"两分法"。成绩越好,形势越好,越要一分为二。要坚持学"两点论",反对"一点论",坚持辩证法,反对形而上学,揭矛盾,找差距,戒骄戒躁,不断前进。

5. 简述会战时期"五面红旗"及其具体事迹。

"五面红旗"喻指大庆石油会战初期涌现的五位先进榜

样：王进喜、马德仁、段兴枝、薛国邦、朱洪昌。钻井队长王进喜带领队伍人拉肩扛抬钻机，端水打井保开钻，在发生井喷的危急时刻，奋不顾身跳下泥浆池，用身体搅拌泥浆制服井喷；钻井队长马德仁在泥浆泵上水管线冻结时，不畏严寒，破冰下泥浆池，疏通上水管线；钻井队长段兴枝在吊车和拖拉机不足的情况下，利用钻机本身的动力设施，解决了钻机搬家的困难；大庆油田第一个采油队队长薛国邦自制绞车，给第一批油井清蜡，又手持蒸汽管下到油池里化开凝结的原油，保证了大庆油田首次原油外运列车顺利起程；工程队队长朱洪昌在供水管线漏水时，用手捂着漏点，忍着灼烧的疼痛，让焊工焊接裂缝，保证了供水工程提前竣工。

6. 大庆投产的第一口油井和试注成功的第一口水井各是什么？

1960年5月16日，大庆第一口油井中7－11井投产；1960年10月18日，大庆油田第一口注水井7排11井试注成功。

7. 会战时期讲的"三股气"是指什么？

对一个国家来讲，就要有民气；对一个队伍来讲，就要有士气；对一个人来讲，就要有志气。三股气结合起来，就会形成强大的力量。

8. 什么是"九热一冷"工作法？

"九热一冷"工作法是大庆石油会战中创造的一种领导工作方法，指在一旬中，九天跑基层了解情况，一天坐下来分析研究工作中的经验教训。

9. 什么是"三一"、"四到"、"五报"交接法？

对重要的生产部位要一点一点地交接、对主要的生产数据要一个一个地交接、对主要的生产工具要一件一件地交接；交接班时应该看到的要看到、应该听到的要听到、应该摸到的要摸到、应该闻到的要闻到；交接班时报检查部位、报部件名称、报生产状况、报存在的问题、报采取的措施，开好交接班会议，会议记录必须规范完整。

10. 大庆油田原油年产5000万吨以上持续稳产的时间是哪年？

1976年至2002年，大庆油田实现原油年产5000万吨以上连续27年高产稳产，创造了世界同类油田开发史上的奇迹。

11. 中国石油天然气集团公司核心经营管理理念是什么？

诚信：立诚守信，言真行实；创新：与时俱进，开拓创新；业绩：业绩至上，创造卓越；和谐：团结协作，营造和谐；安全：以人为本，安全第一。

12. 中国石油天然气集团公司企业精神是什么？

爱国：爱岗敬业，产业报国，持续发展，为增强综合国力作贡献。创业：艰苦奋斗，锐意进取，创业永恒，始终不渝地追求一流。求实：讲求科学，实事求是，"三老四严"，不断提高管理水平和科技水平。奉献：职工奉献企业，企业回报社会、回报客户、回报职工、回报投资者。

13. 新时期新阶段三基工作的基本内涵是什么？

基层建设、基础工作、基本素质。基层建设是以党建、班子建设为主要内容的基层组织和队伍建设，是企业发展的重要保障；基础工作是以质量、计量、标准化、制度、流程等为主要内容的基础性管理，是企业管理的重要着力点；基本素质是以政治素养和业务技能为主要内容的员工素质与能力，是企业综合实力的重要体现。

14. "十二五"时期,中国石油天然气集团公司全面推进三基工作新的重大工程的总体思路是什么?

以科学发展观为指导,紧紧围绕建设综合性国际能源公司战略目标,突出主题主线主旨,坚持以人为本、公平效率,坚持求真务实、与时俱进,更加注重制度的建设和执行,更加注重流程的规范和控制,更加注重管理的绩效和创新,全面提升基层建设、基础管理水平和员工基本素质,为实现集团公司可持续发展奠定坚实基础。

15. 中国石油天然气集团公司全面推进三基工作新的重大工程的主要目标是什么?

基层组织坚强有力,基础管理科学规范,基本素质整体优良,HSE业绩显著提升,发展环境和谐稳定,服务型机关建设成效显著。

二、职业道德

(一)名词解释

1. 道德:是调节个人与自我、他人、社会和自然界之间关系的行为规范的总和。

2. 职业道德:同人们的职业活动紧密联系的、符合职业特点要求的道德准则、道德情操与道德品质的总和。

3. 爱岗敬业:爱岗就是热爱自己的工作岗位,热爱自己从事的职业;敬业就是以恭敬、严肃、负责的态度对待工作,一丝不苟,兢兢业业,专心致志。

4. 诚实守信:诚实就是真心诚意,实事求是,不虚假,不欺诈;守信就是遵守承诺,讲究信用,注重质量和信誉。

5. 劳动纪律：用人单位为形成和维持生产经营秩序，保证劳动合同得以履行，要求全体员工在集体劳动、工作、生活过程中，以及与劳动、工作紧密相关的其他过程中必须共同遵守的规则。

（二）问答

1. 社会主义精神文明建设的根本任务是什么？

适应社会主义现代化建设的需要，培育有理想、有道德、有文化、有纪律的社会主义公民，提高整个中华民族的思想道德素质和科学文化素质。

2. 我国社会主义思想道德建设的基本要求是什么？

爱祖国、爱人民、爱劳动、爱科学、爱社会主义。

3. 为什么要遵守职业道德？

职业道德是社会道德体系的重要组成部分，它一方面具有社会道德的一般作用，另一方面它又具有自身的特殊作用，具体表现在：（1）调节职业交往中从业人员内部以及从业人员与服务对象间的关系。（2）有助于维护和提高本行业的信誉。（3）促进本行业的发展。（4）有助于提高全社会的道德水平。

4. 爱岗敬业的基本要求是什么？

（1）要乐业。乐业就是从内心里热爱并热心于自己所从事的职业和岗位，把干好工作当作最快乐的事，做到其乐融融。（2）要勤业。勤业是指忠于职守，认真负责，刻苦勤奋，不懈努力。（3）要精业。精业是指对本职工作业务纯熟，精益求精，力求使自己的技能不断提高，使自己的工作成果尽善尽美，不断地有所进步、有所发明、有所创造。

5. 诚实守信的基本要求是什么?

要诚信无欺,要讲究质量,要信守合同。

6. 职业纪律的重要性是什么?

职业纪律影响到企业的形象,职业纪律关系到企业的成败,遵守职业纪律是企业选择员工的重要标准,遵守职业纪律关系到员工个人事业的成功与发展。

7. 合作的重要性是什么?

合作是企业生产经营顺利进行的内在要求,是从业人员汲取智慧和力量的重要手段,是打造优秀团队的有效途径。

8. 奉献的重要性是什么?

奉献是企业发展的保障,是从业人员履行职业责任的必由之路,有助于创造良好的工作环境,是从业人员实现职业理想的途径。

9. 奉献的基本要求是什么?

(1) 尽职尽责。要明确岗位职责,要培养职责情感,要全力以赴工作。(2) 尊重集体。以企业利益为重,正确对待个人利益,要树立职业理想。(3) 为人民服务。树立为人民服务的意识,培育为人民服务的荣誉感,提高为人民服务的本领。

10. 企业员工应具备的职业素养是什么?

诚实守信、爱岗敬业、团结互助、文明礼貌、办事公道、勤劳节俭、开拓创新。

11. 培养"四有"职工队伍的主要内容是什么?

有理想、有道德、有文化、有纪律。

12. 如何做到团结互助?

(1) 具备强烈的归属感。(2) 参与和分享。(3) 平等尊重。(4) 信任。(5) 协同合作。(6) 顾全大局。

13. 职业道德行为养成的途径和方法是什么?

(1) 在日常生活中培养。从小事做起，严格遵守行为规范；从自我做起，自觉养成良好习惯。(2) 在专业学习中训练。增强职业意识，遵守职业规范；重视技能训练，提高职业素养。(3) 在社会实践中体验。参加社会实践，培养职业道德；学做结合，知行统一。(4) 在自我修养中提高。体验生活，经常进行"内省"；学习榜样，努力做到"慎独"。(5) 在职业活动中强化。将职业道德知识内化为信念；将职业道德信念外化为行为。

14. 中国石油天然气集团公司员工职业道德规范具体内容是什么?

(1) 遵守公司经营业务所在地的法律、法规。(2) 认真践行公司精神、宗旨及核心经营管理理念。(3) 遵守公司章程，诚实守信，忠诚于公司。(4) 继承弘扬大庆精神、铁人精神和中国石油优良传统作风。(5) 认真履行岗位职责。(6) 坚持公平公正。(7) 保护公司资产并用于合法目的。(8) 禁止参与可能导致与公司有利益冲突的活动。

15. 对违纪员工的处理原则是什么?

(1) 教育为主、惩罚为辅。(2) 区别情节、分类对待。(3) 实事求是、依法处理。

16. 对员工的奖励包括哪几种?

记功、记大功、晋级，通令嘉奖，授予先进生产（工作）者、劳动模范等荣誉称号。在给予上述奖励时，可以发给一次性奖金。

17. 对员工的行政处分包括哪几种？

警告、记过、记大过、降级、撤职、留用察看、开除。在给予上述行政处分的同时，可以给予一次性罚款。

18.《中国石油天然气集团公司反违章禁令》有哪些规定？

为进一步规范员工安全行为，防止和杜绝"三违"现象，保障员工生命安全和企业生产经营的顺利进行，特制定本禁令。

一、严禁特种作业无有效操作证人员上岗操作；

二、严禁违反操作规程操作；

三、严禁无票证从事危险作业；

四、严禁脱岗、睡岗和酒后上岗；

五、严禁违反规定运输民爆物品、放射源和危险化学品；

六、严禁违章指挥、强令他人违章作业。

员工违反上述禁令，给予行政处分；造成事故的，解除劳动合同。

第二部分 基础知识

一、专业知识

(一) 名词解释

1. 钻时：钻进一定单位长度地层所经历的时间,单位:h/m 或 min/m。

2. 岩屑迟到时间：钻井中新钻岩屑从井底由钻井液带至井口所需要的时间。

3. 方入：方钻杆在转盘面以下的有效长度。

4. 方余：方钻杆在转盘面以上的有效长度。

5. 地补距：转盘面到地面的距离。

6. 到底方入：钻头到达井底时的方入。

7. 套补距：套管头至转盘面的距离。

8. 钻头：直接破碎岩石、形成井眼的工具,是影响钻井速度最直接的因素。

9. 水眼：钻头壳体上的孔眼,为钻井液流出钻头的通道。为了防止水眼冲蚀,镶焊有渗碳淬火的钢质水眼套。喷射式钻头则镶有硬质合金制的喷嘴。

10. 井侵：当地层孔隙压力大于井底压力时，地层孔隙中的流体（油、气、水）将流入井筒内，通常称为井侵。最常见的井侵有油气侵、气侵和水侵。

11. 溢流：当井侵发生后，井口返出的钻井液的量比泵入的钻井液的量多，停泵后井口钻井液自动外溢，这种现象称为溢流。

12. 井涌：溢流进一步发展，钻井液涌出井口的现象称为井涌。

13. 井喷：地层流体（油、气、水）无控制地涌入井筒、喷出井口的现象称为井喷。井喷流体自地层经井筒喷出地面称为地上井喷；从井喷地层流入其他低压地层称为地下井喷。

14. 井喷失控：井喷发生后，无法用常规方法控制井口而出现敞喷的现象称为井喷失控。这是钻井过程中最恶性的钻井事故。井侵、溢流、井涌、井喷、井喷失控反映了地层压力与井底压力失去平衡以后，井下和井口所出现的各种现象及事故发展变化的程度。

15. 钻具：井下钻井工具的简称。一般来说，它是指方钻杆、钻杆、钻铤、接头、稳定器、井眼扩大器、减振器、钻头以及其他井下工具等。

16. 井漏：当钻井液柱压力大于地层压力时，在压差的作用下，井内钻井液流入地层中的现象。

17. 中途测试：在钻井过程中，对钻遇油气层或新发现显示层中途停钻而进行流体测试的操作过程。

18. 射孔完井：钻穿油气层后，下套管封固油气层，再采用射孔器射穿油气层段的套管和水泥环，形成油气流入井内通道的完井方法。

19. 试气：采用各种工艺将地下地层中的气体提升至地

面，并求最大允许产能及各项参数的过程。

20. 联入：转盘面以下联顶节的长度。

21. 井深：从地面向地下钻进形成的井眼深度。井深的起始零点是转盘的水平面。钻达的最大停钻井深称为井底或井底深度。

22. 矿物解理：矿物受力后，沿一定方向裂开，成光滑面的特性，称为解理；光滑面，称为解理面。

23. 矿物断口：矿物受力后，不沿一定方向裂开，而是成不规则状的破裂面，称为断口。有贝壳状、锯齿状、羽状等。

24. 岩石结构：岩石中矿物之间相互关系的反映，如隐晶结构、斑状结构、等粒结构等。

25. 岩石构造：岩石中由于物质组成的差异，或结构的差异，反映出的外貌、总体特征。如气孔状构造、层状构造、片麻状构造等。

26. 火成岩：由地壳、地幔中形成的岩浆在侵入或喷出的情况下冷凝而成的岩石。

27. 变质岩：岩浆岩或沉积岩在温度、压力的影响下改变了组织结构而形成的岩石。

28. 沉积岩：地表或接近地表的岩石遭受风化（机械或化学分解）、再经搬运沉积后经成岩作用（压实、胶结、再结晶）而形成的岩石。沉积岩在陆地表面占岩石总分布面积的75%。沉积岩与石油的生成、储集有密切关系。它是石油地质工作的主要对象。

29. 裂缝：岩石受外力或内应力时，丧失结合力产生破裂但没有产生位移的称为裂开的缝。

30. 储层：凡是能够储集和渗滤流体的岩层称为储层。

31. 盖层：位于储层之上能够封隔储层，使其中的油、气免于向上逸散的岩层称为盖层。

32. 地质年代：地球上各种地质事件发生的时代。

33. 凝析气：采出地表后因压力、温度降低凝结而形成的聚形天然气。

34. 凝析油：地下高温高压下的烃类气体，当采到地面以后，由于温度、压力降低，其中较重的烃类气体凝结成的液态烃。

35. 同生断层：一边发生断裂运动，一边发生沉积作用的断层。

36. 岩石的有效渗透率：又称为相渗透率，孔隙介质中有多相流体共同流动时，其中某相流体的渗透率。

37. 岩石的相对渗透率：孔隙介质中有多相流体共同渗流时，某单相流体的有效渗透率与该介质的绝对渗透率的比值。

38. 标准化石：在一个地层单位中特有的生物化石，具有存在时间短、演化快、数量丰富、保存好的特点，为地层对比划分的依据。

39. 岩石的总孔隙度：岩石的所有孔隙空间体积之和与岩石外表体积的比值。

40. 普通电阻率测井法：把一个普通的电极系放入井内，测量井内岩层电阻率的变化情况，用以研究钻井地质剖面和判断油、气、水层。

41. 探明储量：在发现井发现油（气）藏工业性产量后，经过地震细查或精查，对该油（气）圈闭的规模大小、构造复杂程度、发现井的各种数据进行分析研究后，经过适当的评价详探井的钻探，进一步获得储量计算所需要的各项参数后，由概算储量升级为探明储量。

42. 控制储量：经过地震或其他物探工作详查的地区，从一口或几口预探井，在一个或几个同类型的圈闭获得工业油气流后所计算的储量。其油（气）水界面和含油（气）规模大小是根据发现井或几口预探井结合地质、物探资料推测的。

43. 油（气）层对比：在一个油田范围内，对区域地层对比已确定的含油（气）层系中的油层进行划分和对比，确定相同层位内的油（气）层连续关系的对比。

44. 异常高压：当地层孔隙中流体排出受阻，停留在地层孔隙中，这时流体除受静水压力外，还受部分地静应力和构造应力，地层孔隙流体压力明显超过静水压力的现象称为异常高压。

45. 生储盖组合：在地层剖面中，紧密相邻的包括生油层、储层和盖层的有规律组合，称为生储盖组合。一般相近的主要生油层、储层和盖层划为一个生储盖组合。

46. 煤层气：储集在煤层中的天然气，又称为煤层吸附气、煤层甲烷或煤层瓦斯，它是成煤母质在煤化过程中形成的。煤层气与常规天然气不同，煤层既是生气层，又是储气层。

47. 石油：以碳氢化合物为主要成分的、有色可燃性油质液体矿物。

48. 矿物：由地质作用形成的单质或化合物。

49. 风化壳：基岩经风化而形成的物质被堆积在岩石表面，形成的残积物的不连续薄壳（层）。

50. 岩石孔隙度：岩石内孔隙总体积与岩石体积之比。

51. 地下水：埋藏于地下地层中的水，即地表以下的松散堆积物和岩石空隙中的水。

52. 主要矿物：岩浆岩中含量多且在岩石分类中起主要作用的矿物。

53. 角度不整合：整合面上下两套地层之间的产状不一致，呈角度相交，同时在两套地层之间有明显的地层缺失的地层接触关系。

54. 成岩作用：使松散沉积物固结形成沉积岩的作用。

55. 韵律层理：韵律变化的薄层有规律地重复出现所组成的层理。

56. 递变层理：没有纹层的同一岩层内由粒序递变所显示的层理。

57. 地质录井：配合钻井勘探油气的一种重要手段，是随着钻井过程按顺序收集、记录、判断和分析所钻经地层的岩石性质和含油气水情况的方法，主要包括岩屑录井、岩心录井、钻时录井、荧光录井、钻井液录井等。

58. 钻井液：用于钻井施工中的由基质和加重剂、化学制品等组成的混合液。它在钻井中具有平衡地层压力、冷却钻头、冲洗井底、携带与悬浮岩屑、提高钻速、避免卡钻、保护井壁和承载油气显示等作用。

59. 密度：每单位体积物质的质量。

60. 钻井液录井：钻井过程中每隔一定深度或时间，观察、测量与记录返出井口的钻井液密度、黏度、失水量、泥饼、含砂量切力、pH值、含盐量、电阻率、含油气显示情况与性质、钻井液漏失量、涌出量等各种资料的录井方法。

61. 岩屑：钻井过程中地层被钻头研磨或切削破碎后，由循环钻井液从井底带至地面的岩石碎屑。

62. 岩屑录井：在钻井过程中，依照设计取样间距和质量要求，按迟到时间将返到地面上来的岩屑在指定的取样处系统地收集整理、观察描述、送样分析、编制剖面图等全部工作。

63. 荧光录井：利用石油在紫外光的照射下发出荧光的特点对岩屑、岩心、井壁取心等样品进行含油检测的过程。荧光录井有湿照、干照、滴照、系列对比、定量荧光分析等。

64. 湿照：将岩屑、岩心、井壁取心等样品用水洗净后，立即在紫外光下照射的方法。

65. 干照：将岩屑、岩心、井壁取心等样品用水洗净并晾干后在紫外光下照射的方法。

66. 岩心：使用取心钻头及取心钻具进行地层钻进，从井孔中取出的圆柱状岩石样品。

67. 岩心录井：从确定取心位置到岩心出筒、岩心观察与描述、选送样品分析这一整套工作。

68. 两图一表：地质预告图、过井剖面图、地质设计大表。

69. 钻井取心层位卡准率：卡准的钻井取心层段数与应取心总层段数之比。

70. 标准层：具有明显地质特征、厚度不大、在区域上比较稳定，且分布广泛的地层。

71. 探井：在不同勘探阶段，以完成特定勘探目的而钻的各类井的总称。

72. 预探井：为在新地区、新圈闭、新层系发现油气田而钻的井。

73. 完井方法：根据井孔内生产层的特点、开采需要和经济条件所决定的生产层暴露方式。

74. 裸眼完井：目的层部位不下套管与筛管的完井方法。分先期完成裸眼完井和后期完成裸眼完井。

75. 卡钻：所下管柱及工具在井内不能上提、下放或转动的现象。

76. 打捞：采用相应的措施工具捞出井下落物的作业过程。

77. 套压：又称为套管压力，地面施加到井内套管上的压力。

78. 扭矩：使物体发生转动的力。

79. 套管完井：钻穿目的层后，下套管注水泥将目的层封固后，再射孔打开目的层的完井方法。

80. 筛管完井：完钻后，目的层部位下筛管，其余部分下套管，在筛管以上的井段套管外注水泥封固的完井方法。

81. 开发井：为开发油气田所钻的各种采油采气井、注水注气井，或在已开发油气田内，为保持一定的产量并研究开发过程中地下情况的变化所钻的调整井、补充井、扩边井、检查资料井等。

82. 参数井：在油气区域勘探阶段，为了解不同构造单元的区域地层及地球物理勘探所需的地层参数（如地层岩性、岩相资料，生油和储油资料，地层密度、电阻率、磁化率等）而部署的探井。

83. 基准井：在油气区域勘探初期，为查明沉积盆地的地层层序、区域地质和石油地质特征，在盆地内构造和岩相的典型部位部署的少量以取资料为目的的区域性探井。

（二）问答

1. 综合记录应记录哪些内容？

记录地理位置、地补距、小水井数据，各次开、完钻数据及完井数据；各次测井、套管、固井数据；当班进尺、钻达层位、岩性、岩屑捞取包数、钻井液全套性能、好的气测、岩屑显示、钻井取心情况；当班主要工程情况、测斜数据等；记录工程事故及处理情况。记录各种甲方通知和设计变更情况等。

2. 松辽盆地油层组合及对应层位是什么?

油层组合为黑帝庙、萨尔图、葡萄花、高台子、扶余、杨大城子。

黑帝庙对应层位是嫩四段、嫩三段及嫩二段顶部砂层;萨尔图对应层位是嫩一段、姚二、三段;葡萄花对应层位是姚一段;高台子对应层位是青二、三段;扶余对应层位是泉四段、泉三段上部;杨大城子对应层位是泉三段中、下部。

3. 简述系列对比步骤。

试管清洗干净;挑样;称重1g样品;研碎;样品加入试管;量5mL氯仿加入试管;标明井深、封口;浸泡4h;对照标准系列定级。

4. 出现油气侵收集哪些数据?

发生油气侵时间、井深、层位、工程施工情况;开始时间的气测数据、钻井液数据、油膜、气泡形态、分布状态、占槽池面百分比;高峰时间的气测数据、钻井液数据、油膜、气泡形态、分布状态、占槽池面百分比;明显减弱时间的气测数据、钻井液数据、油膜、气泡形态、占槽池面百分比;结束时间的气测数据、钻井液数据。

5. 预探井与评价井的区别是什么?

预探井是在油气勘探的圈闭预探阶段,在地震详查的基础上,以局部圈闭、新层系或构造带为对象,以发现油藏、计算控制储量和预测储量为目的的探井。预探井属于新油气藏(田)的发现井,预探井的钻探属圈闭评价工作。评价井是在已证实有工业性的含油气构造圈闭上,为查明油气藏类型,探明油气层的分布及厚度变化和物性变化,以评价油气田规模、生产能力及经济价值,建立探明储量为目的而钻探的井。

6. 简述双侧向测井曲线的应用。

(1) 双侧向测井能反映原始地层的电阻率变化,可划分厚度在0.4m以上的低阻泥岩夹层、高阻致密层和不同岩性的地层剖面,并确定地层界面。(2) 在渗透层处,根据深浅侧向视电阻率曲线重叠出现的幅度差,可直观地判断油气层和水层。(3) 计算冲洗带含水饱和度和残余油气饱和度。(4) 判断地层有无可动油气。

7. 确定测试层位的基本原则是什么?

确定测试层位的基本原则:(1) 参数井、预探井、重点评价井钻遇好的、厚的显示层或没有水夹层的显示段,一般评价井中新发现的好显示层。(2) 目的层漏失速度小于$10m^3/h$,且井内液面有回升,或有油气显示或油气侵的漏失层。(3) 钻井中有井涌、井喷征兆(非人为因素引起的)的显示层段。(4) 古潜山、碳酸盐岩中放空井段。

8. 录井过程中,出现井涌、井喷、溢流时,要收集哪些资料?

出现时间、井深、层位、钻头位置、悬重、泵压变化、高度、喷出物(油、气、水)、夹带物(钻井液、砂泥、岩块)及其大小、进/出口流量变化、间歇时间。

9. 录井过程中,出现井漏时,要收集哪些资料?

井漏起止时间、井深、层位、钻头位置、漏速、漏失量、钻井液性能、漏失性质分析、处理方法、处理结果。

10. 水侵时要收集哪些资料?

起止时间、井深、层位、钻井液性能变化、电导率变化、槽面及池面变化、氯根变化。

11. 井口显示分为哪几类？其分类标准是什么？

井口显示分为以下几类：（1）井喷：钻井液和油、气、水基本上为连续喷出或断续喷出。（2）井涌：钻井液和油、气、水呈小规模连续或断续涌出。（3）气侵：指天然气以游离状态呈现在钻井液槽面的一种表现。发生气侵时，气泡占槽面的50%~100%，气测值明显升高。（4）气显示。（5）放空。（6）井漏。

12. 槽面观察应记录哪些内容？

应记录以下四方面的内容：槽面出现油花、气泡的时间，显示达到高峰的时间，显示明显减弱的时间，并根据迟到时间推断油、气层的深度和层位；观察槽面出现显示时油花、气泡的数量占槽面的百分比，显示达到高峰时占槽面的百分比，显示减弱时占槽面的百分比；油气在槽面的产状、油的颜色、油花分布情况（呈条带状、片状、点状及不规则形状）、气泡大小及分布特点；槽面有无上涨现象，上涨高度，有无油气芳香味或硫化氢味。

13. 钻遇油、气层时采集员应收集哪些主要的钻井液资料？

应收集钻井液的密度和黏度数据。

14. 岩心描述中，构造的描述应描述哪些内容？

层理、层面特征、颗粒排列、地层倾角及其他特征（擦痕、裂纹、裂缝、错动等）。

15. 层理的类型分为哪几种？

块状层理、韵律层理、粒序层理、水平层理、平行层理、波状层理、交错层理。

16. 层面描述包括几种构造?

波痕、干裂、雨痕、冲刷面、侵蚀下切痕迹、揉皱、搅混、虫孔、虫迹、斑点、斑块、结核构造。

17. 化石的描述包括哪些?

颜色、成分、大小、纹饰、数量、产状、保存情况。

18. 碳酸盐岩颗粒包括哪几类?

内碎屑、鲕粒、生物颗粒、球粒、藻粒。

19. 碳酸盐岩构造包括哪几类?

层理、鸟眼构造、虫孔、缝合线、缝、洞。

20. 碳酸盐岩描述中,缝、洞的描述内容有哪些?

类型、数量、长度、宽度(洞为直径)、形态、充填情况、充填物成分、缝洞关系、分布状况及以层为单位统计缝洞的密度、连通程度、开启程度。

21. 怎样计算裂缝和孔洞的密度、裂缝开启程度与孔洞连通程度?

裂缝密度 = 裂缝条数/岩心长度(条/m);

孔洞密度 = 孔洞个数/岩心长度(个/m);

裂缝开启程度 = 张开缝条数/裂缝总数 × 100%;

孔洞连通程度 = 连通孔洞数/孔洞总数 × 100%。

22. 真岩屑具有哪些特点?

(1)色调比较新鲜。(2)个体较小,一般碎块直径2~5mm,依钻头牙齿形状大小长短而异,极疏松砂岩的岩屑多呈散砂状。(3)碎块棱角较分明。(4)如果钻井液携带岩屑的性能特别好,迟到时间又短,岩屑能及时上返到地面,则较大块的、带棱角的、色调新鲜的岩屑也是真岩屑。(5)高钻时、致密坚硬的岩类，其岩屑往往较小，棱角特别分明，多呈碎片或碎块状。（6）成岩性好的泥质岩多呈扁平碎片状，页岩呈薄片状。疏松砂岩及成岩性差的泥质岩屑棱角不分明，多呈豆粒状。具造浆性的泥质岩等多呈泥团状。

23. 岩屑描述的大致方法有哪些？

（1）大段摊开、宏观细找。（2）远看颜色、近查岩性。（3）干湿结合、挑分岩性。（4）参考钻时、分层定名。（5）含油岩性、重点描述。（6）特殊岩性、必须鉴定。

24. 岩屑描述的分层原则是什么？

（1）岩性相同而颜色不同或颜色相同而岩性不同，均需分层描述。（2）根据新成分的出现和不同岩性百分含量的变化进行分层。（3）同一包内出现两种或两种以上新成分的岩屑，是薄层或条带的显示，应参考钻时进行分层。除岩性定名外，其他新成分的岩屑也应详细描述。（4）见到少量含油显示的岩屑，甚至仅有一颗或数颗，必须分层并详细描述。（5）特殊岩性、标准层、标志层在岩屑中含量较少，必须单独分层描述。

25. 岩屑描述内容有哪些？

（1）分层深度：岩屑分层深度以钻具井深为准。（2）岩性定名：同岩心描述内容。（3）描述内容：颜色、矿物成分、结构、化石及含有物、物理性质及化学、含油性。

26. 钻井液在钻井工程中的作用是什么？

（1）带动涡轮、冷却钻头和钻具。（2）携带岩屑、悬浮岩屑、防止岩屑下沉。（3）保护井壁、防止地层垮塌。（4）平稳地下压力，防止井喷与井漏。

27. 钻具的作用是什么?

(1) 钻具是丈量井深的尺子、延伸井深的工具。(2) 钻具是把地面机械力(扭矩)传递给钻头并施加压力,促进钻头破碎岩石的唯一工具。(3) 钻具是向井底输送钻井液的唯一通道。

28. 采集员的岗位职责有哪些?

(1) 负责钻井过程岩屑的捞取、清洗、照荧光(岩性区分)、选样、做系列、岩屑的烘干(含油岩屑不许烘烤)。(2) 按照地质设计的要求,在钻井过程中对钻井液全套性能进行测量。(3) 负责填写现场手工原始记录。(4) 负责原始记录的计算机录入工作。(5) 负责下钻和起钻前"方入"的丈量。(6) 负责掌握当班时钻井工程情况和钻井液药品的添加情况,并将所加药品的名称和数量记录在钻井液的记录中。(7) 按标准负责收集当班有关各工序的资料。(8) 负责熟悉和掌握有关采集员的技术标准。(9) 遇到有荧光显示及特殊情况时,要与操作员配合好,及时将地质师或技术员叫到现场落实情况。(10) 完成小队干部安排的各项工作。

29. 松辽盆地哪些地层之间为不整合接触,哪些为假整合接触?

(1) 第四系和古近系泰康组为不整合接触。(2) 古近系依安组和白垩系上白垩统明水组二段为不整合接触。(3) 上白垩统四方台组和下白垩统嫩五段为不整合接触。(4) 白垩系沙河子组和侏罗系火石岭组为不整合接触。(5) 侏罗系和基岩为不整合接触。(6) 白垩系下白垩统姚家组一段和青山口组二三段为假整合接触。

30. 怎么控制完钻层位?

(1) 熟悉设计,掌握完钻原则。(2) 熟悉区域地层层序、岩性及分布情况，油气水层分布情况。（3）认真描述地层岩性，密切注意层位变化。（4）仔细落实地层油气显示情况。（5）及时将层位变化及油气显示情况向上级业务部门请示。（6）按上级部门指示的井深完钻。

31. 完钻测井曲线出来后，需要做哪些复查工作？

（1）及时取得完钻曲线。（2）将随钻录井图与完钻曲线进行对比。（3）确定油气显示层，根据已确定显示层特征寻找可疑层。（4）对可疑层井段岩屑进行显示复查。（5）对随钻录井图与测井曲线之间出现岩电不吻合的岩屑井段进行复查。（6）根据复查情况及时修正油气显示及随钻录井图剖面。

32. 试油、试气的目的和任务是什么？

在不同的勘探阶段，油、气井的试油、试气有着不同的目的和任务，主要有以下几点：（1）探明新地区、新构造是否有工业性油气藏。（2）查明油气田的含油气面积及油水、气水边界，以及油气藏的产油气能力和驱动类型。（3）验证对储层产油气能力的认识和利用测井资料解释的可靠程度。（4）通过分层试油、试气，取得有关的分层测试资料，为计算油气田储量和编制油气田开发方案提供依据。

33. 简述同生断层的基本特征。

（1）一般为走向正断层，剖面上常上陡下缓，凹面朝上。（2）下降盘地层明显增厚。（3）断层落差随深度增加而增加。（4）平面延伸远并具有线性特征。（5）具有多旋回性。（6）下降盘砂岩层数增多，单层厚度增大。（7）常在上盘发生逆牵引构造。（8）常伴生沉积滑动构造。

34. 什么是同沉积背斜，它具有什么特点？

同沉积背斜是在盆地普遍沉陷的背景上，局部地区发生褶皱而形成的背斜构造。其特点如下：（1）褶皱两翼的倾角一般是上部平缓，往下逐渐变陡，褶皱总的形态多为开阔褶皱。（2）顶部岩层变薄，而两翼岩层厚度逐渐变厚。（3）顶部岩性较粗，两翼岩性逐渐变细。（4）上缓下陡的构造形态是同沉积背斜常见的特征。（5）上部构造形态与下部构造形态常不吻合，上、下部构造高点发生明显位移。

35. 简述盆地评价的主要内容。

（1）盆地的构造特征及发展史。（2）盆地沉积特征、沉积史、岩性岩相变化及地震相研究成果。（3）盆地生油岩的地球化学特征、热演化史、生油母质类型、有机质的丰度和成熟度。（4）综合各种资料进行含油气远景评价和资源量估算。（5）指出有利的油气聚集带和圈闭，提出构造预探意见。

36. 简述区域勘探部署的基本原则。

（1）从区域出发，整体解剖，着重查明区域地质构造概况和石油地质条件。（2）在调查区域地质条件的基础上，要着重研究生油条件。（3）重视各种类型的生储盖组合，正确选择目的层系。（4）加强圈闭准备工作，保证预探的顺利进行。（5）区域调查要因地制宜地选择工种，加强综合勘探。

37. 简述圈闭评价的基本内容。

（1）根据单井评价结合地震资料，分析圈闭的封闭条件、大小、高度。（2）确定主力含油气层系及油气藏类型。（3）对油气层和油气藏的产能进行预测。（4）提供预测储量和控制储量。（5）提供评价油气田的钻探方案。

38. 资源评价的地质分析有哪几方面的内容？

（1）盆地类型、区域构造位置。（2）盆地结构与演化史。（3）沉积岩的时代、规模、岩性与岩相的分区。（4）烃源岩的地球化学特征、分布范围以及热演化史。（5）储油层性质与空间分布情况。（6）圈闭类型、形成条件、分布规律与规模。（7）烃源岩、储油层和圈闭在时间与空间上的配置关系。（8）油气藏的类型、分布规律和保存情况。

39. 简述设计井壁取心的原则。

（1）钻井过程中有油气显示需要进一步证实的层段。（2）漏取岩屑的井段或岩心收获率很低的井段。（3）邻井为油气层，而本井无显示的层段。（4）岩屑录井无显示，而气测有异常，电测解释为可疑层。（5）随钻岩屑录井图中岩电不符的层段。（6）需要了解储油物性，应取心而未进行钻井取心的层段。（7）具有研究意义的标准层、标志层及其他特殊岩性层段。（8）油气水层解释评价需求的层段。

40. 简述岩屑录井剖面解释原则。

（1）以岩心、岩屑、井壁取心为基础，确定剖面的岩性，利用测井曲线卡准不同岩性的界线，同时必须参考其他资料进行综合解释。（2）油气层、标准层、标志层是剖面解释的重点，对其深度、厚度均应依据多项资料反复落实后进行确定。（3）剖面在纵向上的层序不能颠倒，力求反映地下地层的真实情况。

41. 简述岩心归位原则。

以筒为基础，用标志层控制，在磨损面或筒界面适当拉开，泥岩或破碎处合理压缩，使整个剖面岩性、电性符合，解释合理。但岩心进尺、心长、收获率不得改变。以筒为基础就是以每筒岩心为归位单元，缺心留空白，套心推至筒底界以上。上筒无余心，无底空，本筒取心连根拔出的岩心，归位不能超过本筒顶底界。

42. 简述地层划分的依据和主要的地层对比方法。

在同一地区不同地质时期的沉积条件不同，形成的地层岩性、结构及所含古生物化石、地球物理特征也不同，这些不同特点便是地层划分的依据。目前主要的地层对比方法有岩性对比法、古生物对比法、岩相对比法和构造对比法等。

43. 如何划分砂泥岩剖面渗透层？

（1）用淡水钻井液钻进时，用自然电位曲线的半幅点划分渗透层的顶、底界。（2）用微电极曲线最大值、最小值点划分渗透层及厚度较小的薄层。（3）利用声波时差曲线划分渗透层，一般为中等数值。（4）用盐水钻井液钻进或自然电位曲线质量不好时，用自然伽马曲线划分渗透层，曲线幅度越低，表明泥质含量越少。（5）根据井径曲线划分渗透层，渗透性好的层段，一般小于钻头直径，疏松砂岩易垮塌，井径则变大。

44. 编写探井地质设计的主要项目有哪些？

（1）编写基本数据。（2）区域地质简介。（3）设计依据及钻探目的。（4）绘制设计地层剖面，预计油气水位置。（5）预测设计井地层孔隙压力和编制钻井液性能使用要求。（6）确定设计井录井项目及录取资料要求。（7）确定设计井中途测试要求。（8）根据邻井钻探、岩性、地层等情况，提出设计井井身质量要求。（9）特殊的技术说明及要求。（10）技术说明及要求。（11）工区的地理及环境资料。（12）附表、附图。

45. 岩心滴水试验分哪几级？

（1）速渗：滴水后立即渗入，具水层特征。（2）缓渗：滴水后水滴向四周立即扩散或缓慢扩散，水滴无润湿角或呈扁平形状，具含油水层或致密层特征。（3）微渗：水滴呈馒头状，润湿角在 60°~90°之间，表示微含游离水，具含水油层或干层特征。（4）不渗：水滴表面呈珠状或扁圆状，润湿角大于 90°，表示不含游离水，具油层特征。

46. 地质监督的主要任务是什么？

（1）发现和保护油气层为中心开展工作。（2）甲方派乙方施工现场全权代表的身份。（3）地质设计、工程设计、合同文本及有关企业标准和管理规定为依据，对钻进过程中有关发现和保护油气的施工质量实施全面监督。（4）协调好各乙方施工单位之间的关系，团结一致，高效、优质地完成钻探任务。

47. 简述预探井试油气选层的基本原则。

（1）录井岩屑在油斑级以上，气测具异常，测井解释为油气层，测井电阻率明显大于水层电阻率。（2）录井岩屑在油斑级以下，气测异常明显，测井解释为差油层。（3）特殊岩性（碳酸盐岩、火成岩、变质岩），具油斑显示，气测异常明显。（4）综合解释为油层，水层界限不清的层段。（5）钻井过程中井涌、井漏、放空，录井见显示的井段。（6）主要目的层为水层的层段。

48. 录井现场常用的荧光录井方法有哪些？

荧光普照法、点滴分析法、系列对比法、定量荧光分析法。

49. 录井现场所测量钻井液全套性能主要有哪些？

密度、黏度、失水、含砂、泥饼、切力。

50. 录井现场怎样测定迟到时间？

录井现场常用实测法测定迟到时间。其方法是：选用与岩屑大小、相对密度相近似的物质作指示剂，如染色的岩屑、小瓷粒等，在接单根时，把它们从井口投入到钻杆内。记录开泵时间及第一指示物返出井口的时间，二者相减即为循环一周时间，迟到时间等于循环一周时间减去下行时间，单位：min。

51. 录井现场对录井仪器计算机管理有哪些要求？

（1）录井队仪器负责人负责小队仪器录井软件的管理。（2）对于大队有明文规定的要求，各录井队要严格执行，任何人不得以任何理由擅自做主，随意改变资料输出格式、上交规范等，一经发现严肃处理。（3）游戏等录井以外软件禁止上机运行。

52. 卡取取心层位有几种方法？

曲线对比法、迫近底线法、钻时卡层法、即见即停法。

二、HSE 知识

（一）名词解释

1. 静电： 由于物体与物体之间的紧密接触和分离，或者相互摩擦，发生了电荷转移，破坏了物体原子中的正负电荷的平衡而产生的电。

2. 触电： 电流通过人体与大地或其他导体形成回路。

3. 跨步电压触电： 电气设备绝缘损坏或当输电线路一根导线断线接地时，在导线周围的地面上，由于两脚之间的电位差所形成的触电。

4. 保护接零： 在正常情况下，将电器设备不带电的导电部分与低压配电网的零线连接起来，防止漏电发生触电事故。

5. 保护接地： 在正常情况下，将电器设备不带电的导电部分与接地体连接起来，防止漏电发生触电事故。

6. 燃烧：凡物质与氧化合时，发生大量的热和光的现象。

7. 闪燃：在一定温度下，易燃、可燃液体表面上的蒸气和空气的混合气体与火焰接触时，能闪出火花，但随即熄灭，这种瞬间燃烧的过程称为闪燃。

8. 自燃：可燃物质在没有外部明火焰等火源的作用下，因受热或自身发热并蓄热所产生的自行燃烧的现象。

9. 着火：可燃物受外界火源直接作用而开始的持续燃烧。

10. 爆燃：可燃物质（气体、雾滴和粉尘）与空气或氧气的混合物由火源点燃，火焰立即从火源处以不断扩大的同心球，自动扩展到混合物存在的全部空间，这种以热传导方式自动在空间传播的燃烧现象。

11. 爆炸极限：当可燃气体、可燃粉尘或液体蒸气与空气（氧气）混合达到一定浓度时，遇到火源就会爆炸，这个浓度范围称为爆炸浓度或爆炸极限。

12. 易燃液体：可燃液体系指闪点大于45°C的燃烧液体，易燃液体指闪点小于、等于45°C的燃烧液体。

13. 火灾：在时间或空间上失去控制的燃烧造成的灾害。

14. 冷却法：将灭火剂直接喷射到燃烧物上，以降低燃烧物温度于燃点之下，使燃烧停止的灭火方法。

15. 窒息法：用于降低氧浓度来灭火的方法。

16. 隔离法：关闭有关阀门，且切断流向火区的可燃气体和液体通道的灭火方法。

17. 危险化学品：危险化学品是指具有易燃、易爆、有毒、腐蚀、放射性等危险特性，在生产、储存、运输、使用和废弃物处置过程中极易造成人身伤亡、财产损失、污染环境的化学品。

18. 噪声：物体的复杂震动由许许多多频率组成，而各频率之间彼此不成简单的整数比，这样的声音听起来就不悦耳也不和谐，还会使人烦躁，这种频率和强度都不同的各种声音的杂乱组合而产生的声音被称为噪声。

19. 高空作业：凡是在坠落高度基准面2m（含2m）以上，有可能坠落的高处作业称为高空作业。

20. 悬空高空作业：在无立足点或无牢靠立足点的条件下进行的高空作业，称为悬空高处作业。

21. 井控：油气井溢流与压力控制。井控作业分为三级：初级井控、二级井控和三级井控。

22. 污染预防：为了降低有害的环境影响而采用（或综合采用）过程、惯例、技术、材料、产品服务或能源以避免、减少或控制任何类型的污染物或者废弃物的产生、排放或废弃。

（二） 问答

1. 哪些物质易产生静电？

金属、木柴、塑料、化纤、油制品等易产生静电。

2. 该物质产生静电的条件是什么？

在高温、高压、干燥的情况下易产生静电。

3. 为什么静电能将可燃物引燃？

因为可燃性气体及蒸气与空气混合的最小引燃能量为0.009mJ，可燃性气体与氧气混合的最小引燃能量为0.0002~0.0027mJ，粉尘的最小引燃能量为5~60mJ，通常静电放出的电火花能量，完全能使可燃物引燃。

4. 防止静电有哪几种措施？

（1）增加湿度。（2）采用感应式静电消除器。（3）采用高压电晕放电式消除器。（4）采用离子流静电消除器。（5）穿防静电鞋。(6) 穿防静电服。

5. 消除静电的方法有几种?

(1) 静电接地。(2) 增湿。(3) 加抗静电添加剂。(4) 静电中和器。(5) 工艺控制法。

6. 人体发生触电的原因是什么?

在电路中,人体的一部分接触相线,另一部分接触其他导体,就会发生触电。人体发生触电的原因:(1) 违规操作。(2) 绝缘性能差漏电,接地保护失灵,设备外壳带电。(3) 工作环境过于潮湿,未采取预防触电措施。(4) 接触断落的架空输电线或地下电缆漏电。

7. 触电分为哪几种?

主要分为单相触电、两相触电、跨步电压触电三种。

8. 触电的现场急救方法主要有几种?

人工呼吸法、人工胸外心脏挤压法两种。

9. 发生人身触电应该怎么办?

(1) 当发现有人触电时,应先断开电源。(2) 在未切断电源时,为争取时间可用干燥的木棒、绝缘物拨开电线或站在干燥木板上或穿绝缘鞋用一只手去拉触电者,使之脱离电源,然后进行抢救。人在高处应防止脱电后落地摔伤。(3) 触电后昏迷但又有呼吸者应抬到温暖、空气流通的地方休息,如呼吸困难或停止,就立即进行人工呼吸。

10: 如何使触电者脱离电源?

(1) 尽快断开与触电者有关的电源开关。(2) 用相适应的绝缘物使触电者脱离电源。(3) 现场可采用短路法使断路器跳闸或用绝缘杆挑开导线。(4) 脱离电源时要防止触电者摔伤。

11. 预防触电事故的措施有哪些?

(1) 采用安全电压。(2) 保证绝缘性能。(3) 采用屏护。(4) 保持安全距离。(5) 合理选用电器设备。(6) 装设漏电保护器。(7) 保护接地与接零等。

12. 安全用电注意事项有哪些?

(1) 手潮湿(有水或出汗)不能接触带电设备和电源线。(2) 各种电器设备,如电动机、启动器、变压器等金属外壳必须有接地线。(3) 电路开关一定要安装在火线上。(4) 在接、换熔断丝时,应切断电源。熔断丝要根据电路中的电流大小选用,不能用其他金属代替熔断丝。(5) 正确地选用电线,根据电流的大小确定导线的规格及型号。(6) 人体不要直接与通电设备接触,应用装有绝缘柄的工具(绝缘手柄的夹钳等)操作电器设备。(7) 电器设备发生火灾时,应立即切断电源,并用二氧化碳灭火器灭火,切不可用水或泡沫灭火器灭火。(8) 高大建筑物必须安装避雷器,如发现温升过高,绝缘下降时,应及时查明原因,消除故障。(9) 发现架空电线破断、落地时,人员要离开电线地点8m以外,要有专人看守,并迅速组织抢修。

13. 燃烧分为哪几类?

燃烧按形成的条件和瞬间发生的特点,分为闪燃、着火、自燃、爆燃四种。

14. 燃烧必须具备哪几个条件?

燃烧必须具备三个条件:(1) 要有可燃物,如木材、纸张、棉纱、汽油、煤油、润滑油。(2) 要有助燃物,即空气中的氧或纯氧。(3) 要达到着火的温度,即达到物质的燃点。着火的三要素必须同时存在,缺少一个也不能燃烧。

15. 火灾过程一般分为哪几个阶段?

火灾过程一般可分为初起阶段、发展阶段、猛烈阶段、下降阶段和熄灭阶段。

16. 扑救火灾的原则是什么?

(1) 报警早, 损失少。(2) 边报警, 边扑救。(3) 先控制, 后灭火。(4) 先救人, 后救物。(5) 防中毒, 防窒息。(6) 听指挥, 莫惊慌。

17. 灭火有哪些方法?

冷却法、窒息法、隔离法三种。

18. 目前油田常用的灭火器有哪些?

目前油田常用的灭火器有泡沫灭火器、二氧化碳灭火器、干粉灭火器等。

19. 手提式干粉灭火器如何使用? 适用哪些火灾的扑救?

使用方法: 首先拔掉保险销, 然后一手将拉环拉起或压下压把, 另一只手握住喷管, 对准火源。适用范围: 扑救液体火灾、带电设备火灾和遇水燃烧等物品的火灾, 特别适用于扑救气体火灾。

20. 使用干粉灭火器的注意事项有哪些?

(1) 要注意风向和火势, 确保人员安全。(2) 操作时要保持竖直不能横置或倒置, 否则易导致不能将灭火剂喷出。

21. 如何检查管理干粉灭火器?

(1) 放置在通风、干燥、阴凉并取用方便的地方。(2) 避免高温、潮湿和腐蚀严重的场合, 防止干粉灭火剂结块、分解。(3) 每季度检查干粉是否结块。(4) 检查压力显示器的指针应在绿色区域。(5) 灭火器一经开启必须再充装。

22. 如何报火警?

一旦失火,要立即报警,报警越早,损失越小,打电话时,一定要沉着。首先,要记清火警电话"119",接通电话后,要向接警中心讲清失火单位的名称地址、什么东西着火、火势大小,以及火势的范围。同时,还要注意听清对方提出的问题,以便正确回答。随后,把自己的电话号码和姓名告诉对方,以便联系。打完电话后,要立即派人到交叉路口等待消防车的到来,以利于引导消防车迅速赶到火灾现场。还要迅速组织人员疏散消防通道,消除障碍物,使消防车到达火场后能立即进入最佳位置灭火救援。

23. 点火时要做到的"三不点"指的是什么?

(1) 不检查不点。(2) 天然气不控制不点。(3) 火嘴、气管线漏气,炉膛内充满天然气不点。

24. 对火灾事故"四不放过"的处理原则是什么?

(1) 事故原因分析不清不放过。(2) 事故责任者和群众没有受到教育不放过。(3) 事故责任者没有受到处罚不放过。(4) 没有整改措施不放过。

25. 为什么要使用防爆电气设备?

有石油蒸汽的场所,电气设备发生短路、碰壳接地、触头分离等情况会产生电火花,可能引起油蒸气爆炸。因此,在有石油蒸气场所,必须使用防爆型电气设备。

26. 防爆有哪些措施?

在爆炸条件成熟以前采取下述措施防爆:(1) 加强通风,降低形成爆炸混合物的浓度,降低危险等级。(2) 合理配备现代化防爆设备。(3) 采取科学仪器,从多方面监测爆炸条件的形成和发展,以便及时报警。

27. 高空作业级别是如何划分的?

(1) 作业高度在 2～5m 时,称为一级高空作业。(2) 作业高度在 5～15m 时,称为二级高空作业。(3) 作业高度在 15～30m 时,称为三级高空作业。(4) 作业高度在 30m 以上时,称为特级高空作业。

28. 高处坠落的原因是什么?

高处坠落的原因:(1) 扶梯腐蚀、损坏。(2) 同时上梯人数超过规定。(3) 冰雪天气操作时未做好防滑措施。(4) 在设备上操作时未佩戴安全带或安全带悬挂位置不合适。

29. 安全带通常使用期限为几年?几年抽检一次?

安全带通常使用期限为 3～5 年,发现异常应提前报废。一般安全带使用 2 年后,按批量购入情况应抽检一次。

30. 使用安全带时有哪些注意事项?

(1) 安全带应高挂低用,注意防止摆动碰撞,使用 3m 以上的长绳时应加缓冲器,自锁钩用吊绳例外。(2) 缓冲器、速差式装置和自锁钩可以串联使用。(3) 不准将绳打结使用,也不准将钩直接挂在安全绳上使用,应挂在连接环上用。(4) 安全带上的各种部件不得任意拆卸,更换新绳时应注意加绳套。

31. 哪些原因容易导致发生机械伤害?

(1) 工、夹具、刀具不牢固,导致工件飞出伤人。(2) 设备缺少安全防护设施。(3) 操作现场杂乱,通道不畅通。(4) 金属切屑飞溅等。

32. 为防止机械伤害事故,有哪些安全要求?

对机械伤害的防护要做到"转动有罩、转轴头套、区域有栏",防止衣袖、发辫和手持工具被绞入机器。

33. 哪些伤害必须就地抢救？

触电、中毒、淹溺、中暑、失血。

34. 外伤急救步骤是什么？

止血、包扎、固定、送医院。

35. 有害气体中毒急救措施有哪些？

(1) 气体中毒开始时有流泪、眼痛、呛咳、眼部干燥等症状，应引起警惕，稍重时头昏、气促、胸闷、眩晕，严重时会引起惊厥昏迷。(2) 怀疑可能存在有害气体时，应立即将人员撤离现场，转移到通风良好处休息，抢救人员进入险区必须佩戴正压式空气呼吸器。(3) 已昏迷病员应保持气道通畅，有条件时给予氧气呼入，呼吸心跳骤停者，按心肺复苏法抢救，并联系急救部门或医院。(4) 迅速查明有害气体的名称，供医院及早对症治疗。

36. 烧烫伤急救要点是什么？

(1) 迅速熄灭身体上的火焰，减轻烧伤。(2) 用冷水冲洗、冷敷或浸泡肢体，降低皮肤温度。(3) 用干净纱布或被单覆盖和包裹烧伤创面，切忌在烧伤处涂各种药水和药膏。(4) 可给烧伤伤员口服自制烧伤饮料糖盐水，切忌给烧伤伤员喝白开水。(5) 搬运烧伤伤员，动作要轻柔、平稳，尽量不要拖拉、滚动，以免加重皮肤损伤。

37. 触电急救有哪些原则？

进行触电急救，应坚持"迅速、就地、准确、坚持"的原则。

38. 触电急救要点是什么？

(1) 迅速切断电源。(2) 若无法立即切断电源时，用绝缘物品使触电者脱离电源。(3) 保持呼吸道畅通。(4) 立即呼叫"120"急救电话，请求救治。(5) 如呼吸、心跳停止，应立即进行心肺复苏。(6) 妥善处理局部电烧伤的伤口。

39. 如何判定触电伤员呼吸、心跳？

触电伤员如意识丧失，应在10s内，用看、听、试的方法，判定伤员呼吸心跳情况。看，即看伤员的胸部、腹部有无起伏动作。听，即用耳贴近伤员的口鼻处，听有无呼气声音。试，即试测口鼻有无呼气的气流。再用两手指轻试一侧（左或右）喉结旁凹陷处的颈动脉有无搏动。若看、听、试结果既无呼吸又无颈动脉搏动，可判定呼吸、心跳停止。

40. 高空坠落急救要点是什么？

(1) 坠落在地的伤员，应初步检查伤情，不要搬动摇晃。(2) 立即呼叫"120"急救电话，请求救治。(3) 采取初步急救措施：止血、包扎、固定。(4) 注意固定颈部、胸腰部脊椎，搬运时保持动作一致平稳，避免脊柱弯曲扭动加重伤情。

41. 如何进行口对口（鼻）人工呼吸？

在保持伤员气道通畅的同时救护人员用放在伤员额上的手的手指捏住伤员鼻翼，救护人员深吸气后，与伤员口对口紧合，在不漏气的情况下，先连续大口吹气两次，每次1~1.5s。如两次吹气后试测颈动脉仍无搏动，可判断心跳已经停止，要立即同时进行胸外按压。除开始时大口吹气两次外，正常口对口（鼻）呼吸的吹气量不需过大，以免引起胃膨胀，吹气和放松时要注意伤员胸部应有起伏的呼吸动作。触电伤员如牙关紧闭，可口对鼻人工呼吸。口对鼻人工呼吸吹气时，要将伤员嘴唇紧闭，防止漏气。

42. 如何对伤员进行胸外按压？

(1) 救护人员右手的食指和中指沿触电伤员的右侧肋弓下缘向上，找到肋骨和胸骨接合处的中点。(2) 两手指并齐，中指放在切迹中点（剑突底部），食指平放在胸骨下部。（3）另一只手的掌根紧挨食指上缘，置于胸骨上，找准正确按压位置。（4）救护人员的两肩位于伤员胸骨正上方，两臂伸直，肘关节固定不屈，两手掌根相叠，手指翘起，不接触伤员胸壁。（5）以髋关节为支点，利用上身的重力，垂直将正常人胸骨压陷3～5cm（儿童和瘦弱者酌减）。（6）压至要求程度后，立即全部放松，但放松时救护人员的掌根不得离开胸壁。按压必须有效，有效的标志是按压过程中可以触及颈动脉搏动。

43. 烟头为什么会引起火灾？

因为烟头虽小，但其表面温度一般在200～300°C，中心温度可达700～800°C，一般可燃物（如纸张、棉花、柴草、木材等）的燃点都在130～350°C，都低于烟头的温度，所以乱扔烟头很容易发生火灾。

44. 石油蒸气为什么容易爆炸？

石油产品的蒸气散布到空气中，与空气组成混合气，遇火便会燃烧或爆炸，这种爆炸只有在油蒸气与空气达到一定比例时，才会发生。空气中含有1%～6%的汽油蒸气、1.4%～7.5%的煤油蒸气或1.5%～9.5%的苯蒸气时，遇火就会爆炸。爆炸时所产生的气体体积越大，爆炸力就越强。油蒸气与空气的混合物的爆炸力比等量的炸药大数倍。

45. 油气井、站设备动火时，油气浓度必须低于爆炸下限多少？

必须低于爆炸下限的25%。

46. 石油爆炸火灾有哪些特点？

（1）爆炸后燃烧。（2）燃烧层爆炸。（3）稳定燃烧。（4）爆炸后不再燃烧。（5）燃烧火焰起伏。

47. 发生石油爆炸火灾有哪些原因?

(1) 设备维护不好,造成跑、冒、滴、渗、漏。(2) 电气设备过载运行,致使电气设备发热超过最高允许温度,电气设备短路、电气触头分离等原因引起弧光和火花。(3) 金属撞击引起火花。(4) 违章动火作业。(5) 静电荷泄放设施失效和雷电放电。(6) 可燃物自燃以及意外火灾的蔓延。

48. 录井现场职业健康防护要求有哪些?

(1) 在接触有毒有害、有刺激性等化学品时(如氯仿、盐酸、石油醚等),应配备防毒面具(防毒口罩)、防护手套或其他防护用品。(2) 在有毒有害气体区域作业的录井队应配备便携式有毒有害气体检测仪,进入氧气含量和有毒气体浓度未知作业场所应配备防护因数(APF)较高的正压式呼吸器。(3) 作业场点或巡检点工作人员所配备的护耳器应满足钻井现场柴油机、发电机和绞车附近最大噪声强度的防护要求。作业场所噪声强度较大,即卫生限值大于或等于80dB的作业可考虑配备电子护耳器。(4) 在采样劈岩心、切割岩心、空气钻井取岩屑样或沙尘天气时,工作人员应戴护目镜。(5) 录井队应配备急救箱,备有必要的医疗应急器械及非处方药品(OTC)。(6) 录井作业人员在生产过程中,必须按照安全生产规章制度和防护用品使用规则,正确佩戴和使用防护用品;未按规定佩戴和使用劳动防护用品的,不得上岗作业。(7) 防护用品不得超过使用期限,过期的药品、损坏的防护用品应及时更换,正压式呼吸器储气瓶压力小于规定值时应及时充气。(8) 防护用品应定置存放,使用后及时归位。(9) 防护用品应有醒目标识,设专人管理并定期检查。

49. 录井准备安全要求有哪些?

(1) 设备搬迁。①吊具、索具应与吊装种类、吊运具体要求以及环境条件相适应。②作业前应对索具进行检查,不得超过安全负荷。③起重作业应符合:应有专人指挥,指挥信号应明确,并符合规定。吊挂时,吊挂绳之间夹角宜小于120°。绳、链所经过的棱角处应加衬垫。吊车臂、悬吊物下工作区死角不应站人。④设备装载合理、固定牢靠,应由承运方确认。

(2) 设备摆放。①录井仪器房、值班房应摆放在振动筛同侧并距井口30m以外,附近应留有适当面积的工作场地,逃生通道畅通。②录井仪器房、值班房和宿舍房不应摆放在填筑土方上、陡崖下、悬崖边、易滑坡、垮塌及洪汛影响的地方。③录井队宿舍房应摆放在钻井队统一规划的生活区内。

(3) 电气系统安装。①录井仪器房、值班房应架设专用电力线路。②录井仪器房、值班房和宿舍房接地线桩应打入地下不小于0.5m,接地电阻值不大于4Ω。③用电设备应根据功率大小,正确选用供电线、开关、熔断器、漏电保护器。④井场防爆区域的电器设备应使用防爆(有EX标识)器件。

(4) 录井工作条件。①井场应提供危险区域图、逃生路线图和紧急集合点,并有明显的防火、防硫及防爆标识和风向标。②录井仪和地质房在井场用电应设置专线,并标注清楚,要求供电线电压380±38V,频率50±2Hz。倒换发电机前20min必须通知录井仪器操作员。③钻井施工单位为录井队提供生活和工作用水。④油气观察台、岩屑清洗池、岩屑取样处、岩心出筒位置及工作路线安装照明设备,满足工作需要。⑤安装通过井场钻杆支架的梯子。⑥安装通向油气观察台、岩屑取样处及其他传感器位置的过道走板、梯子、护栏,梯子坡度45°~60°,护栏高度不低于1m,梯子宽度不小于0.8m。

50. 录井作业安全要求有哪些?

(1) 地质录井。①钻具、套管排放完毕后,方可丈量。丈量时,防止钻具、套管碰撞、挤压或滚落伤人。②钻具、套管上下钻台时,录井人员应与钻台大门坡道保持15m以上的安全距离。③在丈量方人前,先通知停转盘,后丈量。④捞、洗样过程中要注意防滑。⑤收集泵冲数时,录井人员避免接近钻井液泵皮带轮和安全阀泄流方向。⑥油基钻井液、空气和天然气介质钻井录井现场应做好防火、防爆工作。⑦使用酒精灯前,检查灯体灯芯有无损坏;添加酒精时,熄灭火焰,液面不得超过灯体2/3,加完后擦干灯体酒精;用完后用灯盖熄火。⑧取心作业。在已知或可能含有硫化氢的地层中取心作业应执行 SY/T 5087—2005《含硫压氢油气井安全钻井推荐作法》中11.1的规定。钻台岩心出筒时,岩心与钻台转盘面距离不应大于0.2m,应使用岩心夹持工具取出岩心,不应用手去捧接;岩心从钻台运往地面时,要防止坠落伤人。场地岩心出筒时,作业人员应正面避开岩心内筒出口。使用切割机、手锤、斧头等工具作业时,防止工具伤人。⑨荧光录井。在对岩屑、岩心样进行紫外线直照(干照、湿照)试验、点滴试验、标准系列对比试验时,防止紫外线对人体造成伤害,宜选用紫外线波长 350~365nm 的荧光灯。使用氯仿做岩样滴照、喷照和对岩样做标准系列对比试验时,应避免沾染眼球和皮肤,防止经口、鼻腔吸入,同时保持荧光室通风良好。

(2) 定量荧光录井。①分析场所应保持通风良好。②仪器检修过程中,应防止强光源对眼睛造成伤害。

(3) 其他。①在放射性测井作业过程中,录井人员应距作业点20m以外,不应进入安全警戒区。②在固井作业过程中,录井人员收集资料时不应在高压管汇、漏斗、灰罐附近停留。③在中途测试作业过程中,录井人员应避开高压管汇、阀门等危险区域。做好有毒有害气体监测与防护。④在酸化压裂作业过程中,录井人员应避免接触腐蚀性溶液。

51. 录井现场环境要求有哪些?

(1) 录井施工期间的环境要求。①剩余岩屑及清洗岩屑污水应排入废钻井液池中。②现场应保持无废物和杂物。③严格执行化学品领取、搬运、存放、使用和废弃处理等管理制度。

(2) 录井施工后的环境要求。①施工现场整洁、无杂物。②废液、废渣应妥善处置。③对占用土地进行平整,恢复原有地貌。

52. 录井现场应急要求有哪些?

(1) 录井队应建立防井喷、火灾、爆炸、中毒、自然灾害及重大疫情等应急预案,定期组织和参与钻井队应急演练,并根据应急演练结果及时修订完善应急预案。

(2) 录井队应与钻井队建立有效的联动应急预警机制,做好工程参数异常预报,及时相互通报可能发生的重大险情。

(3) 遇重大事件应急救援时,按类别启动相关应急预案处置程序,录井队现场人员应接受钻井队统一指挥、统一救治、统一撤离和回撤。

(4) 应急决策应符合:①首先考虑人身安全,其次是减少环境污染和财产损失,按有利于恢复生产的原则组织应急行动。②疏散无关人员,最大限度减少人员伤亡。③切断危险物源,慎重启停设备设施,防止次生事故发生。④保持通信畅通,随时掌握险情发展动态。⑤调集救助力量,迅速控制事态发展。⑥正确分析现场情况,及时划定危险区域。⑦正确分析风险损益,在尽可能避免人员伤亡的前提下,组织实施抢险。

53. 当现场发生紧急情况时，现场人员应如何进行应急响应？

一旦发生紧急情况时，现场负责人或首先发现人应立即向应急办公室汇报，或及时拨打紧急求救电话（火灾拨119、刑事案件拨110、交通事故拨122、人员急救拨120），在保证员工生命的前提下，由现场职务最高者协同相关方组织抢险。紧急情况发生后，现场应以最快捷的方式通报所在地可能受到危害或影响的单位和居民，并与所在地政府取得联系，采取紧急措施妥善处理。应急状态解除后，应立即组织现场清理，尽快恢复生产。

54. 录井现场对不可回收的有毒有害废弃物是如何处理的？

录井现场的岩屑样品、化验后的岩心样品、硅胶、氯化钙等送钻井现场同钻井液一同处理。录井施工中产生的其他不可回收的有毒有害废弃物待完井后，可送交已取得HSE、OSH、EMS认证注册资格的钻井方处理，若钻井方未取得HSE、OSH、EMS认证注册资格则送交所属大队，由大队定期送交生产准备大队统一处理。

第三部分 基本技能

一、操作技能

1. 钻具丈量

准备工作:

(1) 正确穿戴劳动保护用品。

(2) 设备、工用具、材料准备:长度不小于20m的卷尺1个,白色快干漆1瓶,排笔1只、粉笔若干只,钢笔或碳素笔1只,钻具记录1本。

操作程序:

(1) 钻具编号。

①按使用顺序依次对钻具进行连续编号,用阿拉伯数字由"1"编起,使用白色快干漆在钻具上编写序号。

②不同类型钻具分别编号。

③损坏钻具不编号,并进行标识,一般打"×"标记。

(2) 丈量钻具。

①将钢卷尺"0"刻度对准钻具内螺纹顶端。

②在外螺纹一侧读取长度值,用粉笔在钻具上写上长度值。

③钻具丈量完后,测量人互换位置复测钻具。
④两次测量钻具长度误差不超1cm,否则应重复测量。
(3) 在钻具记录上记录钻具序号、类型、尺寸、长度值。
(4) 钻具尺寸(单位:mm),保留1位小数,钻具长度(单位:m),保留两位小数(尾数要四舍五入)。
(5) 按不同类型钻具分别计算累计长度。

操作安全提示:

在钻具上注意安全,不要滑倒摔伤。

2. 方入丈量

准备工作:

(1) 正确穿戴劳动保护用品。
(2) 设备、工用具、材料准备:长度不小于1.5m的卷尺1个,粉笔若干只。

操作程序:

(1) 在钻头接触井底,钻压2~3kN时用粉笔在方钻杆上标注方入位置。
(2) 在方钻杆上寻找离方入位置最近的整米标识。
(3) 量取整米深度到方入位置的距离。
(4) 计算方入值。

操作安全提示:

上下钻台注意安全,把好扶手,等钻盘停稳后,丈量方入,防止滑倒摔伤。

3. 套管丈量

准备工作:

(1) 正确穿戴劳动保护用品。

(2) 设备、工用具、材料准备：长度不小于20m的卷尺1个，白色快干漆1瓶，排笔1只，粉笔若干只，钢笔或碳素笔1只，套管记录1本。

操作程序：

(1) 套管编号。

①按使用顺序依次对钻具进行连续编号，用阿拉伯数字由"1"编起，使用白色快干漆在套管上编写序号。

②所有套管统一编号，不同壁厚套管编号要连续。

③损坏套管不编号，并进行标识，一般打"×"标记。

(2) 丈量套管。

①将钢卷尺"0"刻度对准套管内螺纹顶端。

②在外螺纹一侧读取长度值，用粉笔在套管上写上长度值。

③套管丈量完后，测量人互换位置复测套管。

两次测量套管长度误差不超1cm，否则应重复测量。

(3) 在套管记录上记录套管序号、壁厚、尺寸、长度、产地。

(4) 套管壁厚、尺寸（单位：mm），保留2位小数，套管长度（单位：m），保留两位小数（尾数要四舍五入）。

操作安全提示：

在套管上注意安全，不要滑倒摔伤。

4. 实物测量迟到时间

准备工作：

(1) 正确穿戴劳动保护用品。

(2) 设备、工用具、材料准备：洗砂池1个（装满清水），彩色指示物$5\pm1cm^3$，洗砂筐1个，铁锹1把，秒表1个。

操作程序：

(1) 将重量、大小与岩屑相近、颜色醒目的指示物在接单根时投入井下钻具内。

(2) 开泵时按下秒表计时。

(3) 在振动筛处观察指示物是否返出,看不清楚的及时清洗岩样。

(4) 见到指示物后按下秒表停止计时,秒表读值为循环周时间($T_周$)。

计算下行时间(T_0):$T_0 = \dfrac{\pi(d_1^2 h_1 + d_2^2 h_2)}{4Q}$

式中 T_0——指示物下行时间,min;

d_1,d_2——钻铤和钻杆的内径,m;

h_1,h_2——钻铤和钻杆的累计长度,m^3/min;

Q——钻井液泵排量,m^3/min。

计算实测迟到时间:

$$T_迟 = (T_周) - (T_0)$$

操作安全提示:

上下钻台注意安全,把好扶手,不要滑倒摔伤。

5. 正常录井条件下岩屑的捞取

准备工作:

(1) 正确穿戴劳动保护用品。

(2) 设备、工用具、材料准备:洗砂筐1个,铁锹1把。

操作程序:

(1) 在振动筛下放置挡板接取样品。

(2) 未使用振动筛,则在钻井液槽中放置挡板接取样品。

(3) 取样位置根据实际情况确定,但同一口井应在同一位置接取样品。

(4) 根据设计取样密度按迟到时间取样。

(5) 取样时将铁锹垂直插入样品堆中,缓慢撮起保证样品的代表性,每次取样后,应及时清除余样。

（6）样品数量较少时，全部捞取。数量较多时，采用二分、四分法在样品堆上从顶到底取样。

（7）每次起钻前，应取完已钻井段的全部岩屑样品。若遇特殊情况，起钻前无法取全的岩样，下钻后循环时进行补捞。

操作安全提示：

上下梯子注意安全，把好扶手，不要滑倒摔伤。

6. 水基钻井液条件下岩屑的清洗

准备工作：

（1）正确穿戴劳动保护用品。

（2）设备、工用具、材料准备：洗砂池1个（装满清水），洗砂筐1个，洗砂盆1个，搅动棒1个。

操作程序：

（1）捞取的岩屑样品应装入洗样筐内，清除塌落的大块样品，在洗样池内清洗。

（2）岩屑要缓缓冲洗，并加以搅动，样品清洗后，不同岩性样品应颗粒形状分明，互不粘连，能清晰辨别其颜色及岩性。同时，观察有无油气显示。

（3）清洗软泥岩时要多冲洗少搅动。

（4）对于浅部地层成岩较差的样品用洗砂盆采用淘洗方法，清洗净样品表面钻井液，漏出岩石本色即可。

（5）清洗干净后把样品装入砂样盒内，并在砂样盒内插入深度标签。

操作安全提示：

更换的污水要排入钻井液坑中，不要污染环境。

7. 油基钻井液条件下岩屑的清洗

准备工作：

（1）正确穿戴劳动保护用品。

（2）设备、工用具、材料准备：柴油洗砂池1个，洗涤液洗砂池1个，清水洗砂池1个，洗砂筐1个，洗砂盆1个，搅动棒1个。

操作程序：

（1）捞取的岩屑样品应装入洗样筐内，清除塌落的大块样品，首先在柴油洗样池内清洗，去除钻井液。

（2）根据需要用清水将洗涤剂配置成浓度10%～30%的洗涤液混合物，用洗涤液混合物清洗岩屑，去除柴油。

（3）用清水清洗，样品清洗后，不同岩性样品应颗粒形状分明，互不粘连，能清晰辨别其颜色及岩性；同时观察有无油气显示。

（4）清洗干净后把样品装入砂样盒内，并在砂样盒内插入深度标签。

操作安全提示：

更换的废液和废水要排入钻井液坑中，柴油要回收，不要污染环境。

8. 岩屑的干燥处理

准备工作：

（1）正确穿戴劳动保护用品。

（2）设备、工用具、材料准备：砂样台1个，待干燥岩屑若干包，电烤箱1台。

操作程序：

（1）样品一般采用自然晾干、风干或烘烤干燥方法，烘烤样品温度不大于110℃。

（2）见含油显示的样品、可疑含油样品、充气钻井样品及特殊要求样品严禁烘烤，只能自然晾干或风干。

操作安全提示:

电烤箱要接地线,注意用电安全。

9. 岩屑的整理

准备工作:

(1) 正确穿戴劳动保护用品。

(2) 设备、工用具、材料准备:钢笔或碳素笔 1 支,岩屑深度标签若干张,岩屑盒标签若干张。

操作程序:

(1) 按岩屑捞取密度填写岩屑深度标签,填写岩屑盒标签,写明井号、盒号、井段。

(2) 在盒的每格上粘贴深度标签,在盒的左端粘贴岩屑盒标签。

(3) 去除岩屑样品中大块假岩屑。

(4) 将干燥后的岩屑样品按深度顺序装进岩屑盒中,待完井资料上交验收完毕一个月后进行无害化处置。

(5) 对需长期保存的样品按要求装进样品袋内,每个样品袋上写明井号、井深,按深度顺序摆放进样品盒内,在样品盒左端插入盒号标签,右端插入带有井号、井段的标签,完井后上交甲方。

10. 去除假岩屑的操作

准备工作:

正确穿戴劳动保护用品。

操作程序:

(1) 识别真假岩屑。

①真岩屑基本特征。

表面色调鲜明、大小均匀、棱角分明,多呈尖刺状、片状。在相应井段为新成分，百分含量呈规律性增加。

②假岩屑基本特征。

岩屑个体大，可见垂直断面，色调模糊，外形浑圆。与新钻入地层组段颜色特征明显不同。

（2）先去除大块、色调模糊、外形浑圆的假岩屑。

11. 煤层的识别

准备工作：

（1）正确穿戴劳动保护用品。

（2）设备、工用具、材料准备：酒精灯1个，安全火柴1盒，镊子1个。

操作程序：

（1）观察颜色，一般为黑色、灰黑色、褐色、褐黑色。

（2）观察光泽，煤层具有沥青光泽、玻璃光泽、金属光泽。

（3）具有条带状结构、均一状结构、木质结构等结构。

（4）具有层状构造、块状构造。

（4）断口多为贝壳状断口、眼球状断口、阶梯状断口、参差状断口。

（5）用手捻染手。

（6）煤层密度小、硬度小，性脆易碎。

（7）用镊子夹煤屑在酒精灯上可点燃。

操作安全提示：

应使用酒精灯外焰进行试验，注意不要烫伤、烧伤，防止火灾。

12. 油页岩的识别

准备工作：

（1）正确穿戴劳动保护用品。

（2）设备、工用具、材料准备：荧光灯 1 个，酒精灯 1 个，安全火柴 1 盒，镊子 1 个。

操作程序：

（1）在自然光线下观察油页岩颜色，一般为黑色、黑褐色、褐黑色。

（2）在荧光灯下观察油页岩的荧光颜色。

（3）判断是否有油气味。

（4）在自然光线下观察油页岩的页理发育情况。

（5）用镊子夹油页岩在酒精灯上做可燃试验。

操作安全提示：

使用酒精灯外焰进行试验，注意不要烫伤、烧伤，防止火灾。

13. 含油岩屑的识别

准备工作：

（1）正确穿戴劳动保护用品。

（2）设备、工用具、材料准备：荧光灯 1 台，氯仿滴瓶 1 个，滤纸片若干张，镊子 1 个。

操作程序：

（1）确定岩性：含油岩屑岩性一般为砂岩、砂质砾岩等碎屑及火山岩碎屑。

（2）观察颜色：含油岩屑颜色一般为棕色、褐色、棕灰色等。

（3）在荧光灯下进行荧光检查，含油岩屑在荧光下一般呈浅黄、淡黄、黄、亮黄等颜色。

（4）对具荧光岩屑进行点滴分析，含油岩屑从中心向四周扩散区分含油还是矿物发光。

（5）观察岩屑含油性，是否有油气味，是否具油质感等。

操作安全提示：

点滴氯仿要适量，不宜过多，勿吸入过量氯仿。

14. 含油岩屑与矿物发光岩屑的区分

准备工作：

（1）正确穿戴劳动保护用品。

（2）设备、工用具、材料准备：荧光灯1台，氯仿滴瓶1个，滤纸片若干张，研钵1个，镊子1个。

操作程序：

（1）启动荧光灯。

（2）在荧光灯下检查岩屑发光情况，用镊子选取具荧光的岩屑数颗。

（3）将选取具荧光的岩屑数颗，放在滤纸上，折叠滤纸后，用研钵将岩屑轧碎。

（4）将滤纸展开，用滴管取适量氯仿溶液滴到轧碎的岩屑上进行氯仿点滴试验。

（5）将滴过氯仿溶液的滤纸置于荧光灯下，观察荧光斑痕分布情况确定岩屑含不含油，含油岩屑点滴氯仿后具黄色（浅黄色）荧光，从含油岩屑向四周扩散（扩散晕），矿物发光岩屑点滴氯仿后无荧光或有暗的光环。

操作安全提示：

点滴氯仿要适量，不宜过多，勿吸入过量氯仿。

15. 含油岩屑百分含量的确定

准备工作：

（1）正确穿戴劳动保护用品。

（2）设备、工用具、材料准备：荧光灯1台，氯仿滴瓶1个，滤纸片若干张，研钵1个，镊子1个，岩屑百分含量标本1个。

操作程序：

(1) 观察岩屑，进行砂岩识别。

(2) 与百分含量标本进行比照，确定砂岩占岩屑百分含量。

(3) 将岩屑置于荧光灯下干照确定发光岩屑。

(4) 对发光岩屑进行荧光滴照分析识别含油岩屑真假。

(5) 与百分含量标本进行比照确定含油占岩屑百分含量。

(6) 含油占岩屑百分含量除以砂岩占岩屑百分含量乘以100%，得到含油占砂岩百分含量。

操作安全提示：

点滴氯仿要适量，不宜过多，勿吸入过量氯仿。

16. 岩屑描述的步骤

准备工作：

(1) 正确穿戴劳动保护用品。

(2) 设备、工用具、材料准备：荧光灯1台，放大镜或双目显微镜1台，盐酸滴瓶1个，氯仿滴瓶1个，滤纸片若干张，钢笔或碳素笔1只，岩屑描述记录1本。

操作程序：

(1) 将若干包待描述的岩屑按井深由浅到深的顺序摆在描述台上，距离稍远一些观察颜色，大致找出颜色变化界线，近看岩性，确定含量、成分、结构、构造、含有物等变化。

(2) 在描述过程中应干、湿样品结合（干样有利于观察颜色，湿样更有利于观察成分、结构、构造等），挑选真样逐包定名、分段描述。

(3) 按样品采集密度进行荧光检查，及时发现油气显示。

(4) 厚度较小的薄夹层一般不在定名栏内定名（含油岩屑除外）。

(5)样品观察描述应在肉眼观察的基础上,结合放大镜、双目显微镜观察进行。

(6)不能定论的岩屑,要注明疑点和问题,应选样进行鉴定。

(7)岩屑失真段,主要内容描述后,要注明其失真程度及井段,进行原因分析,用井壁取心资料及时校正和补充。

操作安全提示:

(1)点滴氯仿要适量,不宜过多,勿吸入过量氯仿。

(2)滴酸试验时应防止酸液滴到皮肤上。

17. 岩心的出筒

准备工作:

(1)正确穿戴劳动保护用品。

(2)设备、工用具、材料准备:5寸管钳1把(岩心卸扣装置),链钳1把,扳手1把,岩心卡子1个,岩心盒若干个。

操作程序:

(1)取心钻头出转盘面立即盖住井口。

(2)丈量底空。

(3)将岩心筒下放至离地面合适高度,卸掉岩心缩径套。

(4)使用扳手固定紧岩心卡子。

(5)按顺序取出岩心。

(6)将岩心由深至浅摆放在岩心盒内,碎裂岩心堆积摆放。

(7)接取岩心、搬运岩心时应保持由左至右、由浅至深的顺序。

(8)由左至右、由浅至深的顺序依次将岩心摆放在固定好的钻杆、钻铤或套管上。

操作安全提示:

(1) 岩心筒正前方不要站人,岩心筒离地面高度不宜过高,防止岩心大量喷出,岩心卡子要固定牢固,防止脱落岩心喷出,以免岩心窜出发生碰伤。

(2) 使用管钳、链钳时注意安全,防止伤手。

18. 岩心出筒的观察

准备工作:

(1) 正确穿戴劳动保护用品。

(2) 设备、工用具、材料准备:洗砂盆1个,钢笔或碳素笔1只,红蓝铅笔1只,岩心描述记录1本。

操作程序:

(1) 岩心出筒过程中应观察岩心表面及流出钻井液中含油气显示情况(油气味、油花、气泡等),在岩心描述记录中记录。

(2) 除密闭取心外,含气(可疑含气)岩心清洗的同时应进行浸水试验,观察含气显示情况(油气味、气泡大小、产状、声响程度、持续时间等),并用红蓝铅笔标注位置,做好记录。

(3) 对易挥发的含油气岩心,应根据地质设计要求及时采取无色塑料纸包装封蜡等密封保护措施。

19. 岩心的清洗

准备工作:

(1) 正确穿戴劳动保护用品。

(2) 设备、工用具、材料准备:水桶若干个,棉纱若干千克。

操作程序:

(1) 整块岩心清洗时,清洗岩心时岩心方向不要颠倒,使用棉纱将岩心表面及断面钻井液清洗干净、漏出岩石本色。

（2）碎裂岩心清洗时，应把碎裂岩心放进盆中进行清洗。

20. 密闭取心岩心的清洗

准备工作：

（1）正确穿戴劳动保护用品。

（2）设备、工用具、材料准备：洗砂盆若干，棉纱若干，洗涤剂若干。

操作程序：

（1）将洗涤剂加入80℃左右的清水中，质量配比浓度5%即可。

（2）充分搅拌使洗涤剂溶解。

（3）等研究员将含油岩心取走后，将岩心放入洗砂盆内清洗，直至密闭液清洗干净为止。

（4）清洗后的岩心放到原来相应位置。

21. 岩心对接的操作

准备工作：

正确穿戴劳动保护用品。

操作程序：

（1）清洗后的岩心，根据岩心断裂茬口及磨损关系，由左至右对岩心进行最紧密衔接。

（2）岩心有磨光面处直接对接，但要保持层理、含有物等特殊关系的连续性、完整性。

（3）破碎岩心按体积堆放。

（4）岩心断裂茬口对不上或岩性变化较大时要检查下部岩心摆放顺序是否颠倒，有可能是一块也可能是一盒颠倒。

（5）发现颠倒岩心及时更正，按由左至右对岩心继续进行最紧密衔接。

操作安全提示：

岩心对接中注意安全，防止岩心砸伤手。

22. 岩心劈心的操作

准备工作：

(1) 正确穿戴劳动保护用品。

(2) 设备、工用具、材料准备：电动劈心机1台。

操作程序：

(1) 按岩心由浅至深顺序选取储层岩心。

(2) 将储层岩心放在岩心刀下，岩心刀对准岩心方向线的垂直面，保证方向线完好。

(3) 按下电动劈心机电源开关，将岩心劈成大小均匀两部分。

(4) 将劈开后的岩心按方向线对好放回原处。

操作安全提示：

使用电动劈心机时注意用电安全，接地线。

23. 岩心丈量

准备工作：

(1) 正确穿戴劳动保护用品。

(2) 设备、工用具、材料准备：长度不小于20m钢卷尺1把，粉笔若干只。

操作程序：

(1) 在对接好的岩心上面画方向线，方向线由左指向右，保证每个岩心断块有方向箭头。

(2) 一人用不小于20m钢卷尺零位对准岩心顶端（井深最浅处），另一人拉直钢卷尺至一排的底部，量出岩心长度。

(3) 用粉笔在岩心上整米、半米处画上与方向线垂直的线条,在线条右前方标识整米、半米深度。

(4) 如岩心分几排摆放,量完一排后用手卡住钢卷尺岩心低端位置移至下一排顶端连续量取。

(5) 在岩心底部标识岩心长度。

24. 岩心标识

准备工作:

(1) 正确穿戴劳动保护用品。

(2) 设备、工用具、材料准备:岩心整米标签若干张,岩心编号签若干张,白漆1瓶,排笔1只。

操作程序:

(1) 填写岩心整米标签、岩心编号签,并在每筒岩心的首、尾及编号尾数逢"0"及"5"的编号签上填写该筒井段。

(2) 使用白漆在岩性整米、半米处涂10mm直径的实心圆点。

(3) 使用白漆在岩心方向线上涂25mm×40mm编号涂块。编号原则:按由浅至深的顺序在自然断块上及每筒岩心的顶、底应进行编号,编号的密度一般为碎屑岩、碳酸盐岩、火成岩、变质岩类0.20m一个,泥岩及其他岩类0.40m一个,含油气岩心加密编号。

(4) 在岩心相应深度粘贴岩心整米标签。

(5) 在岩心编号涂块处粘贴岩心编号签。

25. 岩心装盒的操作

准备工作:

(1) 正确穿戴劳动保护用品。

(2) 设备、工用具、材料准备:岩心盒若干个,记号笔1只,岩心盒号签若干张,岩心挡板若干个,岩心挡板签若干张,岩心盒标签若干张。

操作程序：

（1）用阿拉伯数字对岩心盒连续编号，在编号下方岩心盒标签袋内对应插入岩心盒号签。

（2）将岩心按由浅至深的顺序依次装入岩心盒中，岩心方向线及标识朝上。

（3）在岩心盒上方内侧相应岩心长度处注明半米、整米记号。

（4）岩心盒另一侧标签袋内插入岩心盒标签，包括井号、盒号、筒次、井段、岩心编号。

（5）在每一筒岩心顶放置岩心挡板，注明井号、筒次、井段、层位、进尺、心长、收获率。

操作安全提示：

岩心装盒、搬运时注意安全，不要伤手。

26. 岩心含油级别的确定

准备工作：

（1）正确穿戴劳动保护用品。

（2）设备、工用具、材料准备：荧光灯1台，清水滴瓶1个，盐酸滴瓶1个，钢笔或碳素笔1只，岩心描述记录1本。

操作程序：

（1）对储层岩心进行荧光检查，判断岩性是否具荧光及荧光颜色。

（2）对具荧光岩心进行点滴分析，判断是否为含油发光。

（3）对含油岩心进行系列对比确定含油级别。

（4）肉眼观察含油面积占定名岩石面积百分比、含油饱满程度、含油分布状况、颜色、油脂感、油气味等。

（5）进行滴水试验确定含水级别。

（6）进行滴酸试验确定是否含钙及含钙程度。

（7）根据划分标准确定含油级别。

（8）记录含油级别。

操作安全提示：

防止酸液溅到皮肤上。

27. 岩心含水级别的确定

准备工作：

（1）正确穿戴劳动保护用品。

（2）设备、工用具、材料准备：清水滴瓶1个，钢笔或碳素笔1只，岩心描述记录1本。

操作程序：

（1）选取储层岩心。

（2）用滴管将清水滴在干净平整的新鲜岩心断面上，观察水珠的形状和渗入情况。

（3）对于含油不均匀的岩心要在含油处及不含油处分别滴水试验。

（4）根据水珠的形状和渗入情况确定级别，分四级。

速渗：滴水后立即渗入。

缓渗：滴水后水滴向四周立即扩散或缓慢扩散，水滴无润湿角或呈扁平状。

微渗：水滴表面呈馒头状，润湿角在60°~90°之间。

不渗：水滴表面呈珠状或扁圆状，润湿角大于90°。

（5）记录含水级别。

28. 岩心、岩屑含钙程度的确定

准备工作：

（1）正确穿戴劳动保护用品。

(2) 设备、工用具、材料准备：盐酸滴瓶1个，钢笔或碳素笔1只，岩心或岩屑描述记录1本。

操作程序：

(1) 选取储层岩心或岩屑。

(2) 用滴管将盐酸滴在干净平整的新鲜岩心断面上或岩屑上，观察盐酸与岩心、岩屑反应程度。

(3) 记录含钙程度，含钙程度分滴酸不反应、滴酸弱反应、滴酸反应中的，滴酸反应剧烈四级。

操作安全提示：

防止酸液溅到皮肤上。

29. 含气岩心的观察描述

准备工作：

(1) 正确穿戴劳动保护用品。

(2) 设备、工用具、材料准备：洗砂盆1个，钢笔或碳素笔1只，红蓝铅笔1只，岩心描述记录1本。

操作程序：

(1) 岩心出筒过程中应观察描述岩心表面及流出钻井液中是否有气泡。

(2) 对储层岩心进行浸水试验，观察描述含气显示情况（油气味、气泡大小、产状、声响程度、持续时间等），并用红蓝铅笔标注位置，做好记录。

(3) 及时劈心进行荧光检查。

(4) 注意观察描述岩心出筒一段时间内气泡大小，密度变化及延续时间。

(5) 在第一次观察后根据储层物性和含油、气水挥发、外渗、油气味、颜色变化等状况进行二次观察描述。

30. 岩心描述的步骤

准备工作：

（1）正确穿戴劳动保护用品。

（2）设备、工用具、材料准备：荧光灯1台，盐酸滴瓶1个，氯仿滴瓶1个，滤纸片若干张，钢笔或碳素笔1只，红蓝铅笔1只，岩心描述记录1本。

操作程序：

（1）检查岩心标签及整米标签是否齐全。

（2）进行荧光检查确定岩心含油情况，做好标识。

（3）按岩心分层原则对岩心进行分层，用红蓝铅笔标识距顶长度。

（4）记录每层岩心的岩心编号。

（5）按颜色、含油级别、岩性的顺序进行定名。

（6）描述矿物成分、结构、构造及缝洞、含有物、地层倾角与接触关系、物理化学性质、含油气情况、含气试验情况，含油气岩心应进行二次观察描述。

（7）碳酸盐岩定名主要依据岩石中碳酸盐矿物种类，次要依据岩石中的其他物质成分。着重突出岩石的缝洞发育特征，与岩石储集油气性能有关的结构、构造特征。

（8）选取岩心样品并记录岩心样品块数、长度、距顶位置。

（9）用专用符号记录岩心磨光面位置、碎裂情况等。

操作安全提示：

防止酸液溅到皮肤上。

31. 设计井壁取心的步骤

准备工作：

（1）正确穿戴劳动保护用品。

(2) 设备、工用具、材料准备：比例为1:200的双侧向曲线、自然电位曲线、自然伽马曲线1份，比例为1:200的补偿中子、补偿密度曲线1份，岩屑草图各1份，油气显示资料1份，钢笔或碳素笔1只，铅笔1只，直尺1把，井壁取心设计记录表1份。

操作程序：

(1) 将岩屑、气测显示归位到1:200的双侧向曲线、自然电位曲线、自然伽马曲线上。

(2) 将钻井取心层位归位到1:200的双侧向曲线、自然电位曲线、自然伽马曲线上，确定岩心剖面上提、下放情况。

(3) 根据测井曲线特征标出可疑含油层及需落实的层。

(4) 根据井壁取心原则由深至浅在1:200双侧向测井曲线上画出井壁取心位置（用直尺、铅笔画垂直于井深方向的短直线）。

(5) 由深至浅标顺序号。

(6) 复查井壁取心位置及顺序号。

(7) 读取井壁取心井深，并在井壁取心设计单上按顺序号填写井壁取心井深。

(8) 从第2颗开始计算并标明每一颗井壁取心的上提值。

32. 井壁取心的跟踪

准备工作：

(1) 正确穿戴劳动保护用品。

(2) 设备、工用具、材料准备：比例为1:200的双侧向曲线、自然电位曲线、自然伽马曲线1份，钢笔或碳素笔1只，井壁取心施工单1份。

操作程序：

(1) 录井队技术负责人与炮队技术负责人共同选定追踪

的标志层。

（2）使用深度比例为1∶200的双侧向曲线、自然电位曲线、自然伽马曲线与井壁取心车测出的电阻率曲线对比，确定追踪的标志层深度。

（3）确定无误后才能按共同标记的上题值——点火录取。

33. 常规井壁取心的出筒与整理

准备工作：

（1）正确穿戴劳动保护用品。

（2）设备、工用具、材料准备：井壁取心瓶若干个，刀片1把，洗砂盆1个，井壁取心标签若干张，棉纱1把，岩屑盒2个。

操作程序：

（1）取心枪提出井口后，依次对号排好弹头，按顺序卸下弹头，放在标有编号的岩屑盒内。

（2）使用井壁取心出心器取出岩心。

（3）将岩心清洗干净，松散、疏松砂岩不能用水洗，用刀片刮去钻井液即可。

（4）将井壁取心装入井壁取心瓶中，并在井壁取心瓶上粘贴标签，标识井号和井深。

34. 旋转井壁取心的出筒与整理

准备工作：

（1）正确穿戴劳动保护用品。

（2）设备、工用具、材料准备：井壁取心瓶若干，刀片1把，洗砂盆1个，井壁取心标签若干，棉纱1把，岩屑盒2个。

操作程序：

（1）取心枪取出后，卸掉岩心筒堵头。

（2）按顺序倒出岩心，按井壁取心施工单标识岩心钻取成功深度将岩心放在标有编号的岩屑盒内。

（3）将岩心清洗干净，松散、疏松砂岩不能用水洗，用刀片刮去钻井液即可。

（4）将井壁取心装入井壁取心瓶中，并在井壁取心瓶上粘贴标签，标识井号和井深。

35. 井壁取心描述的步骤

准备工作：

（1）正确穿戴劳动保护用品。

（2）设备、工用具、材料准备：荧光灯1台，盐酸滴瓶1个，氯仿滴瓶1个，滤纸片若干张、钢笔或碳素笔1只，红蓝铅笔1只，井壁取心描述记录1本。

操作程序：

（1）对井壁取心进行荧光普照检查，对含油岩心做系列对比。

（2）按颜色、含油级别、岩性的顺序进行定名。

（3）描述矿物成分、结构、构造及缝洞、含有物、物理化学性质、含油气等情况。

（4）碳酸盐岩定名主要依据岩石中碳酸盐矿物种类，次要依据岩石中的其他物质成分。着重突出岩石的缝洞发育特征，与岩石储集油气性能有关的结构、构造特征。

操作安全提示：

防止酸液溅到皮肤上。

36. 钻井液密度计的校准

准备工作：

（1）正确穿戴劳动保护用品。

(2) 设备、工用具、材料准备：平口螺丝刀1把，镊子1把，铅粒若干。

操作程序：

(1) 将钻井液密度计装满清水，加盖并擦净从小孔溢出的清水。

(2) 将密度计置于支架上，移动游码，使称杆呈水平状态（即水平泡位于中央），在游码的左边缘读出刻度数，密度值为 1.0g/cm³ 时不用校准，误差大于 ±0.01g/cm³ 时需校准。

(3) 校准时需用平口螺丝刀拧开后盖，用镊子加入或取出铅粒，拧紧后盖。

(4) 再将密度计置于支架上，移动游码，看密度是否为 1.0g/cm³，如不准需继续调整，直至密度计读值为 1.0g/cm³。

37. 钻井液密度的测量

准备工作：

(1) 正确穿戴劳动保护用品。

(2) 设备、工用具、材料准备：钻井液密度计1个，棉纱若干1把，水桶1个，钻井液记录1本。

操作程序：

(1) 使用前用清水校验，所测量的清水密度应为 1.0±0.01g/cm³。

(2) 取钻井液：用一个容积大于 140mL 的量杯在钻井液振动筛后取正在流动的、新鲜的钻井液。

(3) 将要测定的钻井液装满容积为 140mL 的钻井液杯，加盖并洗净从小孔溢出的钻井液。

(4) 将密度计置于支架上，移动游码，使称杆呈水平状态（即水平泡位于中央），在游码的左边缘读出刻度数，即是所测钻井液的密度值。

(5) 在钻井液记录上记录测定数据，保留两位小数

(单位:g/cm³)。

(6) 测量后应用清水洗净测量仪器。

38. 钻井液黏度的测量

准备工作:

(1) 正确穿戴劳动保护用品。

(2) 设备、工用具、材料准备:钻井液黏度计1套,棉纱1把,水桶1个,钻井液记录1本。

操作程序:

(1) 在钻井液振动筛后取正在流动的、新鲜的钻井液。

(2) 用手指堵住漏斗流出口,通过滤网向漏斗倒入1500mL钻井液。

(3) 将946mL量杯对准漏斗口,移动手指同时启动秒表记录流满容积为946mL量杯所需的时间(单位:s)即为所测钻井液黏度。

(4) 在钻井液记录上记录测定数据,保留整数(单位:s)。

(5) 测量后应用清水洗净测量仪器。

39. 钻井液泥饼和失水的测量

准备工作:

(1) 正确穿戴劳动保护用品。

(2) 设备、工用具、材料准备:钻井液失水仪1套,棉纱1把,水桶1个,中性滤纸1盒,20mL量筒1个,钢板尺1把,钻井液记录1本。

操作程序:

(1) 使用时先将支架组放置于平稳的台面上。

(2) 将减压阀通过阀座方形凸位安装在支架组方形孔内。

(3) 将打气筒输气管通过输气螺母与减压阀联接。

(4) 按逆时针旋转减压阀上的手柄,使之处于自由状态(此时是减压阀关闭状态)。

(5) 按顺时针旋转将放气把手旋紧以关闭输气阀输气口。

(6) 操作打气筒进行充气,当储气筒上轴向压力表达到0.8~1MPa时,按顺时针旋转减气阀上手柄,当减压阀压力表指示在0.5MPa时为止。

(7) 拿住钻井液杯,用食指将钻井液杯小孔堵住,倒入被测钻井液,至低于密封圈下方2~3mm(防止滤纸弄湿)。铺平一张中性滤纸,按顺时针方向拧紧钻井液杯盖,将钻井液杯底部向上连接在输气阀上。

(8) 将20mL量筒上口对准钻井液杯的出液孔,置于支架底座上。

(9) 按逆时针方向旋转放气把手,当视径向压力表指针稍有下降或觉钻井液杯中有进气声,再迅速旋转减压阀手柄,使气压升至0.7MPa,待指针稳住后,即钻井液杯内保持0.7MPa的恒压状态,当见到第一滴过滤液开始计时。

(10) 当测量时间在7.5min内,失水量小于8mL时,可继续测量到30min,当大于8mL时则用7.5min时的失水量乘以2,即为该钻井液的失水量。

(11) 当测量时间已到,随即取出量筒,关闭减压阀,再慢慢按顺时针旋转放气把手,直到放气把手上的出气孔出气为止。待钻井液杯内的气体放空后,取下钻井液杯,打开钻井液杯取出滤纸,洗净泥饼上的浮浆,用钢板尺测量泥饼厚度(测量时间在7.5min时的泥饼厚度值应乘以2)。

(12) 记录钻井液失水量,保留一位小数(单位:mL),记录泥饼值,保留一位小数(单位:mm)。

(13) 冲洗擦干钻井液杯盖与量筒,密封并烘干杯盖滤网。

40. 钻井液六速旋转黏度计的操作

准备工作：

(1) 正确穿戴劳动保护用品。

(2) 设备、工用具、材料准备：六速旋转黏度计1套，螺丝刀1把，棉纱1把，水桶1个，钻井液记录1本。

操作程序：

(1) 接通电源，指示灯亮。

(2) 将电机调速旋钮旋到"高速"（600r/min）位置。

(3) 在600r/min时，外筒的偏摆量小于或等于0.1mm，否则应重新清洗，再进行一次安装，达到要求为止。

(4) 检查刻度盘"0"位，若刻度盘指针未对准"0"位，取下护罩，松开锁定螺钉，微调手轮使刻度盘指针对准"0"位后，紧固锁定螺钉，装好护罩。

(5) 取通过马氏漏斗上的筛网过滤的钻井液，倒入样品杯刻线处（350mL）立即放到托盘上，上调托盘使钻井液面到外筒刻线处，拧紧托盘固定手轮，并要保证外筒与杯底之间的距离大于或等于12mm，防止出现端面效应。

(6) 先做600r/min测量，再做300r/min测量，用下列公式计算，可得到视黏度、塑性黏度、动切力、静切力。

视黏度： $\mu_{AV} = \dfrac{\phi_{600}}{2}$ （mPa·s）

塑性黏度： $\mu_{pv} = \phi_{600} - \phi_{300}$ （mPa·s）

动切力： $\tau_0 = 0.511 \times (\phi_{300} - \mu_{pv})$ （Pa）

静切力： $\tau_{初} = 0.511 \times \phi_3$ （10s）（Pa）

$\tau_{终} = 0.511 \times \phi_3$ （10min）（Pa）

初切力：钻井液在600r/min下搅拌1min后静止10s，测得 3r/min 下的表盘读数，该读数乘以 0.511 即得初切力（Pa），测量时应注意观察刻度盘示值，出现最大的示值，就是初切力。

终切力：钻井液在 600r/min 下搅拌 1min 后静止 10min，测得 3r/min 下的表盘读数，该读数乘以 0.511 即得终切力（Pa），测量时应注意观察刻度盘示值，出现最大的示值，就是终切力。

以上式中 ϕ 表示不同转速下的黏度计数，如 ϕ_3 表示 3r/min 时的读数。

（7）记录测量数据包括：视黏度、塑性黏度、动切力、静切力。

（8）测量后，关闭电源，移开托盘，取走量杯。

（9）轻轻卸下内、外筒，互相不得擦伤，避免悬轴弯曲。

（10）清洗内、外筒，并擦干上好，为下次使用做好准备。

41. 钻井液含砂量的测定

准备工作：

（1）正确穿戴劳动保护用品。

（2）设备、工用具、材料准备：含砂仪 1 套，废液桶 1 个，钻井液记录 1 本。

操作程序：

（1）取不少于 25mL 的钻井液样品。

（2）将样品注入含砂计管中至"钻井液"刻度线处（25mL）。

（3）注入清水至"水"刻度线处。

（4）用手堵住含砂计管口，摇动至钻井液与水充分混合。

（5）将此混合物倾入洁净的筛筒中，使水和粒径小于 200 目的固相颗粒通过筛网排入废液桶。

(6) 将漏斗插在筛筒有砂子的一端,并将漏斗对准含砂计管内,缓慢倒置,用水将剩余物冲洗到含砂计管,经反复清洗,直到水变为清亮为止。

(7) 将砂子全部冲到含砂计管内,静置使砂子下沉,读出玻璃管底部下沉砂粒的体积,再乘以2,即得出含砂的百分比数。

(8) 记录含砂量,保留一位小数(单位以百分计)。

(9) 用后清洗含砂仪。

42. 氯离子滴定的操作

准备工作:

(1) 正确穿戴劳动保护用品。

(2) 设备、工用具、材料准备:锥形瓶1个,Cl⁻滴定管1套,蒸馏水若干升,酚酞指示剂若干毫升,铬酸钾若干克,硝酸银若干毫升,双氧水若干毫升,棉纱1把,水桶1个,钻井液记录1本。

操作程序:

(1) 取10mL钻井液的滤液倾入锥形瓶中。

(2) 加入10mL蒸馏水和滴入1滴酚酞指示剂(用0.1mol/L氢氧化钠或0.1mol/L硝酸溶液调至粉红色刚刚消失)。

(3) 再加入10滴(约0.5mL)铬酸钾。

(4) 用0.1mol/L硝酸银滴定至刚刚有淡红色沉淀出现为止,记录消耗硝酸银标准溶液的体积毫升数。

(5) 计算Cl^-含量。

计算公式:Cl^-含量 $= V \cdot N \cdot 35.5 \times 10^3 / Q$

式中 V——硝酸银耗量,mL;

N——硝酸银当量浓度;

Q——钻井液滤液取样量,mL。

(6)记录测量数据,保留整数(单位:mg/L)。

43. 荧光检查

准备工作:

(1)正确穿戴劳动保护用品。

(2)设备、工用具、材料准备:荧光灯1台,待查岩屑若干包。

操作程序:

(1)启动荧光灯。

(2)将待查岩屑置于荧光灯内。

(3)观察岩屑发光情况。

(4)记录岩屑发光特征,包括发光颜色和发光岩屑面积的百分比。

44. 荧光滴照

准备工作:

(1)正确穿戴劳动保护用品。

(2)设备、工用具、材料准备:荧光灯1台,镊子1把,研钵1个,滤纸若干张,滴瓶1个(瓶内装氯仿),待查岩屑若干包。

操作程序:

(1)挑选样品。

①在自然光线下挑出疑似含油岩屑。

②在荧光灯内用镊子挑出发光岩屑。

(2)将挑出的样品置于滤纸片上,并折叠滤纸片。

(3)用研钵碾碎样品。

(4)将碾碎的样品移至另外一张干净的滤纸上。

(5) 在碾碎的样品上滴适量氯仿。

(6) 在荧光照射下检查滤纸片上有无荧光扩散晕，若有则为真含油显示；否则为假含油显示。

45. 荧光系列对比

准备工作：

(1) 正确穿戴劳动保护用品。

(2) 设备、工用具、材料准备：荧光灯1台，镊子1把，研钵1个，天平1台，砝码1套，滴瓶1个（瓶内装氯仿），滤纸若干张，含油岩样若干包。

操作程序：

(1) 用天平称取1g含油岩样，用研钵研成粉末后装入洁净的试管里，用滴管滴入5mL氯仿浸泡，密封4h，标明样品井深。

(2) 将已浸泡好的溶液放在荧光灯下，观察溶液发光颜色，并与本地区同层位标准系列进行对比，确定荧光系列级别。

46. 发光矿物识别

准备工作：

(1) 正确穿戴劳动保护用品。

(2) 设备、工用具、材料准备：荧光灯1台，镊子1把，研钵1个，滴瓶2个（分别装氯仿和盐酸），滤纸若干张，待查岩屑若干包。

操作程序：

(1) 将待查岩屑置于荧光灯内，用镊子挑出发光岩屑。

(2) 将挑出的样品置于滤纸片上，并折叠滤纸片。

(3) 用研钵碾碎发光岩屑。

(4) 将碾碎的岩屑移至另外一张滤纸上。

(5) 在碾碎的岩屑上滴适量氯仿,在荧光照射下检查滤纸片,若无荧光扩散晕,则为发光矿物,然后点滴适量盐酸,如有气泡产生,可定性为含钙矿物。

47. 成品油识别

准备工作:

(1) 正确穿戴劳动保护用品。

(2) 设备、工用具、材料准备:荧光灯1台,镊子1把,研钵1个,滤纸若干张,滴瓶1个(瓶内装氯仿),待查样品若干包。

操作程序:

(1) 启动荧光灯。

(2) 将待查样品置于紫外线下。

(3) 用镊子挑出发光样品,置于滤纸片上。

(4) 在样品上点滴氯仿,柴油呈亮紫—乳紫蓝色;机油呈蓝—天蓝、乳紫蓝色;黄油呈亮乳紫蓝色;螺纹油呈浅蓝—暗乳蓝色;白油、煤油呈乳白蓝色。

48. 选取岩屑手标本

准备工作:

(1) 正确穿戴劳动保护用品。

(2) 设备、工用具、材料准备:荧光灯1台,镊子1把,样品盒若干个,样品标签若干张,待查岩屑若干包。

操作程序:

(1) 启动荧光灯,在紫外线下选取具荧光的含油样品数颗,装入样品盒中,标明井号和样品深度。

(2) 在自然光线下选取不具荧光的含油样品数颗,装入样品盒中,标明井号和样品深度。

49. 选取岩屑轻烃分析样品

准备工作:

(1) 正确穿戴劳动保护用品。

(2) 设备、工用具、材料准备:青霉素瓶若干个,胶盖若干个,铝盖若干个,压盖器1个,样品标签若张,岩屑取样记录表若干张,新鲜岩屑若干包。

操作程序:

(1) 岩屑清洗干净。

(2) 向青霉素瓶中直接装入新鲜岩屑样品(混样)至取样瓶 1/2~2/3 为准。

(3) 加盖,用压盖器密封。

(4) 在样品瓶上标明井号、序号。

(5) 在岩屑取样记录表中标明井号、样品序号所对应的样品深度。

操作安全提示:

压盖操作时勿伤手。

50. 选取岩屑热解分析样品

准备工作:

(1) 正确穿戴劳动保护用品。

(2) 设备、工用具、材料准备:荧光灯1台,新鲜岩屑若干包,镊子1只,密封容器若干个,样品标签若干张,本井钻井地质设计1本。

操作程序:

(1) 查看钻井地质设计中对岩屑热解分析样品的要求。

(2) 在荧光灯内选取具荧光的含油样品,装入容器密封,标明井号、井深和岩性。

（3）在自然光线下选取不具荧光的含油样品和相关要求的样品，装入容器密封，标明井号、井深和岩性。

（4）填写选样记录。

51. 选取岩心分析样品

准备工作：

（1）正确穿戴劳动保护用品。

（2）设备、工用具、材料准备：劈心机1台，岩心若干米，记号笔1只，长度不小于1m的钢卷尺1把，钢笔或碳素笔1只，本井岩心描述记录1份。

操作程序：

（1）观察岩心，将储层岩心沿中轴线方向进行劈心，并将岩心放回原来的位置。

（2）用记号笔在欲取样的岩心表面画出样品的顶界、底界、方向线及序号。

（3）用卷尺量出样品距本筒顶界的距离、样品长度，并记录到岩心描述记录中。

52. 选取岩心全直径分析样品

准备工作：

（1）正确穿戴劳动保护用品。

（2）设备、工用具、材料准备：岩心若干米，长度不小于1m的钢卷尺1把，记号笔1只，本井钻井地质设计1份，本井岩心描述记录1份。

操作程序：

（1）翻阅钻井地质设计中对全直径分析样品的要求。

（2）观察岩心，用记号笔在欲取样的岩心表面画出样品的顶界、底界、方向线及序号。

（3）用卷尺量出样品距本筒顶界的距离、样品长度，并记录到岩心描述记录中。

53. 选取岩心手标本

准备工作：

（1）正确穿戴劳动保护用品。

（2）设备、工用具、材料准备：岩心若干米，地质锤1把，卷尺1把，序号标签若干张，岩心手标本箱1个，本井岩心描述记录1份，岩心手标本一览表1份，钢笔或碳素笔1只。

操作程序：

（1）由单筒顶部至底部观察岩心，结合岩心描述记录由上至下选取代表性样品。

（2）用卷尺量出样品距筒顶的距离，并记录。

（3）在手标本上粘贴序号标签，将样品按顺序装入手标本箱中。

（4）填写岩心手标本一览表，内容包括样品序号、筒次、本筒井段、样品距顶位置、岩性等。

54. 选取岩心热解分析样品

准备工作：

（1）正确穿戴劳动保护用品。

（2）设备、工用具、材料准备：岩心若干米，地质锤1把，卷尺1把，密封瓶若干个，本井钻井地质设计1份，本井岩心描述记录1份，钢笔或碳素笔1只。

操作程序：

（1）查看钻井地质设计中对岩心热解分析样品的要求。

(2) 根据岩心描述选取具有含油气显示的样品,用卷尺量出样品距筒顶的距离。

(3) 将样品装入容器密封,标明井号、筒次、样品距顶位置和岩性。

(4) 填写选样记录。

55. 选取岩心轻烃分析样品

准备工作:

(1) 正确穿戴劳动保护用品。

(2) 设备、工用具、材料准备:劈心机 1 台,岩心若干米,地质锤 1 把,青霉素瓶若干个,胶盖若干个,铝盖若干个,压盖器 1 个,样品标签若干张,取样记录若干张。

操作程序:

(1) 岩心出筒清洗后,立即进行荧光检查。

(2) 含油岩心立即劈开,用手锤砸取岩心劈开面中心部位的含油岩样。

(3) 将样品砸成小块以能装入瓶中为限,装至取样瓶 $1/2 \sim 2/3$ 为准,用压盖器密封。

(4) 粘贴标签,在标签上标明井号、筒次、样品距顶位置。

(5) 填写取样记录。

56. 选取岩心荧光显微图像分析样品

准备工作:

(1) 正确穿戴劳动保护用品。

(2) 设备、工用具、材料准备:封口机 1 台,岩心若干米,地质锤 1 把,专用塑料袋若干个、样品标签若干张,取样记录若干张。

操作程序:

(1) 岩心出筒清洗后,立即进行荧光检查。

(2) 含油岩心立即劈开,用手锤砸取岩心劈开面中心部位的含油岩样。

(3) 取样时间不得超过出筒后24h,取样密度:均匀厚层(1m以上)3~4块/米,样品应分布均匀;薄层2块/米,产状有变化应加密,取样样品规格:在3cm×3cm×3cm左右。将选取的岩样装入专用塑料袋中,用封口机密封。

(4) 粘贴标签,在标签上标明井号、筒次、样品距顶位置。

(5) 填写取样记录。

57. 选取钻井液轻烃分析样品

准备工作:

(1) 正确穿戴劳动保护用品。

(2) 设备、工用具、材料准备:钻井液样品瓶若干个,塑料盖若干个,磁力搅拌棒若干个,取样杯1只,样品标签若干张,取样记录若干张。

操作程序:

(1) 在钻井液样品瓶内放置磁力搅拌棒,取样密度:与岩屑录井相一致(包括见显示加密取样要求)。

(2) 用取样杯在钻井液缓冲槽的钻井液入口处(脱气器前)取钻井液样,装入钻井液样品瓶内至取样瓶2/3满瓶为准,加盖白色塑料内盖、旋紧外盖、倒置。

(3) 在钻井液样品瓶上粘贴标签,标明井号、序号。

(4) 填写取样记录,包括井号、取样瓶序号所对应的样品深度。

58. 托盘天平的使用步骤

准备工作:

(1) 正确穿戴劳动保护用品。

(2) 设备、工用具、材料准备：托盘天平1台，砝码1套，镊子1个，滤纸若干张。

操作程序：

(1) 放水平：把天平放在水平台上，将游码拨到标尺左端的零刻线处，在左、右托盘上各放一张相同规格的滤纸。

(2) 调平衡：调节横梁右端的平衡螺母（若指针指在分度盘的左侧，应将平衡螺母向右调，反之，平衡螺母向左调），使指针指在分度盘中线处，此时横梁平衡。

(3) 称量：将被测量的物体放在左盘，估计被测物体的质量后，用镊子向右盘按由大到小的顺序加减适当的砝码，并适当移动标尺上游码的位置，直到横梁恢复平衡。

(4) 读数：天平平衡时，左盘被测物体的质量等于右盘中所有砝码的质量加上游码对应的刻度值。

(5) 整理：测量结束要用镊子将砝码夹回砝码盒，并整理器材，恢复到原来的状况。

59. 酒精灯的使用步骤

准备工作：

(1) 正确穿戴劳动保护用品。

(2) 设备、工用具、材料准备：酒精灯1只，安全火柴1盒，湿抹布1块，污物桶1个。

操作程序：

(1) 灯身内酒精应不超过灯身的2/3，左手扶灯身，右手摘下灯帽，口朝下扣放在桌上，拿掉灯帽或熄灭酒精灯时，一定扶好灯身，以免将酒精灯弄倒。

(2) 划着火柴，从侧面接近灯捻点燃酒精灯。

(3) 甩灭火柴，将熄灭的火柴梗投入污物桶。

(4) 熄灭酒精灯时，左手扶灯身，右手取灯帽，快而轻地盖上,待火焰熄灭后,提起灯帽,再盖一次。

操作安全提示:

(1) 严禁用一盏酒精灯点燃另一盏酒精灯,否则容易着火。

(2) 一旦灯内酒精洒出,使桌面或其他物体着火,要迅速用事前备好的湿抹布盖灭。

60. 清洗试管的步骤

准备工作:

(1) 正确穿戴劳动保护用品。

(2) 设备、工用具、材料准备:荧光灯1台,试管若干个,试管刷1把,肥皂水半桶,清水半桶,滴瓶1个(内装氯仿),污物瓶1个。

操作程序:

(1) 将试管放在肥皂水中清洗无机污物。

(2) 在清水中冲洗试管。

(3) 待试管内壁无水时,放到荧光灯内观察有无荧光,若有荧光,则向试管内倒入少量氯仿,用试管刷清洗油类等有机污物直至无荧光为止。

(4) 将废弃的氯仿倒入污物瓶内。

操作安全提示:

使用试管刷时严禁用力过猛,造成试管碎裂伤手。

61. 盐酸配比的步骤

准备工作:

(1) 正确穿戴劳动保护用品。

(2) 设备、工用具、材料准备:浓盐酸1瓶,清水若干升,玻璃棒1根,烧杯1个,量筒2个,湿毛巾1块,计算纸若干张,钢笔或碳素笔1只。

操作程序：

(1) 确定所需稀盐酸的体积。

(2) 计算出所需浓盐酸的体积和水的体积。

(3) 根据计算结果，用量筒向烧杯中加入清水，然后用另外一个量筒向清水中加入所需的浓盐酸，用玻璃棒轻轻搅拌。

(4) 清洗用具。

操作安全提示：

(1) 向清水中加浓盐酸时，应用玻璃棒引流，以免酸液溅出伤人。

(2) 酸液溅到皮肤上时应立即用湿毛巾擦拭或用清水清洗。

62. 盐酸装入滴瓶的步骤

准备工作：

(1) 正确穿戴劳动保护用品。

(2) 设备、工用具、材料准备：盐酸1瓶，玻璃漏斗1个，滴瓶1个，湿毛巾1块。

操作程序：

(1) 取出滴瓶上的胶头滴管。

(2) 通过玻璃漏斗向滴瓶中加入适量盐酸。

(3) 把胶头滴管移回到滴瓶。

(4) 清洗用具。

操作安全提示：

酸液溅到皮肤上时，应立即用湿毛巾擦拭或用清水清洗。

63. 制备岩屑图像分析样品

准备工作：

(1) 正确穿戴劳动保护用品。

（2）设备、工用具、材料准备：岩屑若干包，60mm×70mm砂样盘若干个。

操作程序：

（1）岩屑清洗干净，露出岩石本色。
（2）晾干或风干岩屑。
（3）清除假岩屑。
（4）将岩屑装入60mm×70mm砂样盘，摊平岩样。

64. 选取、制备二维荧光分析样品

准备工作：

（1）正确穿戴劳动保护用品。
（2）设备、工用具、材料准备：岩屑若干包，电子天平1台，镊子1只，滤纸若干张，试管若干个，移液器1个，研钵1个。

操作程序：

（1）用镊子挑选含油岩屑。
（2）用滤纸吸干水分，用研钵研细，用电子天平称取100mg，放入一只洁净的试管中。
（3）用移液器准确量取5mL正己烷加入试管中，浸泡15~20min。
（4）如果岩样浸泡液清澈透明，可以直接做样，如果浸泡液有颜色，则需要进行稀释后再做样。

65. 校验岩石热解分析仪器

准备工作：

（1）正确穿戴劳动保护用品。
（2）设备、工用具、材料准备：热解分析仪器1台，电子天平1台，坩埚1个，标准物质3种。

操作程序：

（1）启动仪器，稳定30min以上。

（2）空白分析：使用无污染的空坩埚进行空白样品分析，基线飘移不超过0.05mV。

（3）用电子天平称取100mg标准物质，放入坩埚并移至仪器中进行分析，误差要符合标准要求。

（4）分别使用高含量、中含量、低含量的三种标准物质进行检验，每种标准物质测试不少于3次，检验结果应符合相关标准要求。

66. YQ–Ⅵ型油气显示评价仪操作步骤

准备工作：

（1）正确穿戴劳动保护用品。

（2）设备、工用具、材料准备：YQ–Ⅵ型油气显示评价仪1台，岩石样品若干，电子天平1台，坩埚1个，坩埚架1个，镊子2只，蜡纸若干张，样品勺1把，废弃物容器1个。

操作程序：

（1）在操作界面点击周期2分析标签，进入样品分析工作区。

（2）用镊子把坩埚从进样杆上取下，用另一把镊子夹住坩埚盖，把坩埚盖放在坩埚架上，坩埚内的废弃样品倒入废品物容器内，轻磕坩埚至坩埚内干净，将干净的坩埚放在装样器内。

（3）天平清零，把干净的称样用蜡纸放在天平托盘上，再清零，用样品勺取待分析样品置于天平内称样用的腊纸上，准确称量100±2mg。

（4）轻轻将装有样品的蜡纸从天平内取出，小心将样品倒入装样器内，用镊子轻磕装样器顶部至样品全部装入坩埚内。用镊子从坩埚架上取坩埚盖,轻轻盖在坩埚上,用镊子夹住坩埚放入仪器进样杆上。

(5) 点击开始分析按钮,程序将控制主机开始运行周期2样品分析,同时弹出周期2分析窗口,实时显示采集的数据谱图。在周期2分析窗口输入操作者:×××,井号:×××,样品类别:岩屑、岩心或井壁取心,样品重量:100mg,分析日期为系统自动生成:××年×月×日。

操作安全提示:

样品分析后坩埚温度较高,避免烫伤。

67. 观察槽面油气显示

准备工作:

(1) 正确穿戴劳动保护用品。

(2) 设备、工用具、材料准备:钢笔或碳素笔1只,记录本1本。

操作程序:

(1) 在钻井液缓冲槽处(脱气器前)观察并记录气泡形状、大小、分布、油花(原油)的颜色、产状。

(2) 记录气泡或油花占槽面百分比。

(3) 记录油气味浓度。

(4) 记录槽面上涨情况。

操作安全提示:

上、下钻台把好扶手,观察过程中注意人身安全。

68. 卡取钻井取心层位

准备工作:

(1) 正确穿戴劳动保护用品。

(2) 设备、工用具、材料准备:长形桌1张,铅笔1只,

30cm直尺1把,橡皮1块,白纸若干张,本井钻井地质设计1份,本井对比测井曲线1条,邻井1:500电阻率测井曲线若干条。

操作程序:

(1) 查看本井设计钻井取心原则、要求。

(2) 在取心参照井的电阻率曲线上标注对应取心井段的顶、底界线。

(3) 选取其他可比性较好的参照井电阻率曲线,标注对应取心井段,包括顶、底界线。

(4) 将本井对比测井电阻率曲线与参照井测井电阻率曲线进行比对,标出重要的对比标志层。

(5) 以标志层为准向下逐层进行对比,用直尺量出参照井最下一个可对比层距取心顶的距离。

(6) 根据本井及参照井明显标志层到最后一个可对比层厚度比值,换算出本井最后一个可对比层距取心顶的距离。

(7) 将本井可对比层井深加上计算出的本井可对比层距取心顶的距离,即为本井取心顶界井深。

(8) 记录本井取心顶界深度。

69. 卡取完钻层位

准备工作:

(1) 正确穿戴劳动保护用品。

(2) 设备、工用具、材料准备:本井随钻岩屑录井图1份,邻井综合图若干套,本井钻井地质设计1本。

操作程序:

(1) 了解本井所在区域的地层、构造、岩相变化特征及本井和邻井的位置关系。

(2) 用本井随钻岩屑录井图和邻井剖面进行对比,确定正钻层位，预测将要钻遇的标志层。

（3）根据标志层出现的深度预测完钻井深。

（4）如预测完钻井深和设计完钻井深差别较大，要提出提前或加深钻探意见，报请上级批准。

70. 填写荧光检查记录

准备工作：

（1）正确穿戴劳动保护用品。

（2）设备、工用具、材料准备：荧光灯 1 台，岩屑样品若干包，标准系列 1 套，试管若干只，氯仿 1 瓶，滤纸若干张，荧光检查记录 1 本，钢笔或碳素笔 1 只。

操作程序：

（1）填写岩屑采集日期。

（2）填写岩屑样品井深。

（3）按照"远观颜色、近看岩性"的方法判断岩性，填写在相应栏内。

（4）检查岩屑荧光特征，填写在相应栏内。

（5）确定并填写系列对比级别和发光特征，填写在相应栏内。

（6）填写值班人姓名。

71. 填写录井综合记录

准备工作：

（1）正确穿戴劳动保护用品。

（2）设备、工用具、材料准备：钻具组合记录 1 本，本井钻井地质设计 1 份，荧光检查记录 1 本，岩屑油气显示统计表 1 份，气测异常显示统计表 1 份，钻井液使用情况记录 1 本，录井综合记录 1 本，钢笔或碳素笔 1 只。

操作程序：

(1) 依据工序和主要事项填写日期、时间。

(2) 依据工序和主要事项填写工序。

(3) 依据工序和主要事项填写井深。

(4) 依据"钻具组合记录"填写本班进尺。

(5) 依据"荧光检查记录"填写本班钻遇岩性和岩屑捞取包数。

(6) 依据"钻井地质设计"和"荧光检查记录"岩性填写层位。

(7) 依据"钻井液使用情况记录"填写本班最后一次全套钻井液性能。

(8) 依据"岩屑油气显示统计表"和"气测异常显示统计表"填写油气显示。

72. 填写钻井液使用情况记录

准备工作：

(1) 正确穿戴劳动保护用品。

(2) 设备、工用具、材料准备：本井钻井地质设计1份，实时数据表1份，实测钻井液性能数据1套，钻井液处理剂添加记录1本，钻井液使用情况记录1本，钢笔或碳素笔1只。

操作程序：

(1) 依照钻井地质设计填写井号。

(2) 根据实测钻井液性能时间填写测量日期和时间。

(3) 按照实际测量时间，在"实时数据表"上查找对应的迟到深度。

(4) 按照表格中的项目填写实测密度、漏斗黏度、视黏度、塑性黏度、动切力、静切力（初/终）失水、泥饼、含砂量的数值。

(5) 根据"钻井液处理剂添加记录",在处理剂栏内填写钻井液处理剂的配方及用量。

(6) 填写测量人姓名。

73. 填写钻具组合记录

准备工作:

(1) 正确穿戴劳动保护用品。

(2) 设备、工用具、材料准备:钻具记录1本,钻具组合记录1本,钢笔或碳素笔1只。

操作程序:

(1) 填写值班日期、时间和值班人姓名。

(2) 根据记录格式依次填写井内钻具的规格、数量和长度。

(3) 计算累计钻具长度并填写。

(4) 根据方入值加上累计钻具长度值填写交班井深。

(5) 填写本班进尺。

(6) 填写复算人姓名。

74. 填写滤纸片

准备工作:

(1) 正确穿戴劳动保护用品。

(2) 设备、工用具、材料准备:滤纸片若干张,铅笔1只,直尺1把。

操作程序:

(1) 在滤纸片左上角填写井号。

(2) 在滤纸片右上角上填写样品类型、下填写深度或井段,中间用一短横线隔开。

(3) 在滤纸片左中部填写湿照荧光颜色。

(4) 在滤纸片右中部上填写系列对比级别、下颜色，中间用一短横线隔开。

(5) 在滤纸片下部填写岩性。

(6) 在滤纸片中心部位滴少量系列对比浸泡液。

75. 填写岩心入库通知单

准备工作：

(1) 正确穿戴劳动保护用品。

(2) 设备、工用具、材料准备：岩心入库通知单若干张，录井综合记录1本，本井钻井地质设计1份，岩心描述记录1本，钢笔或碳素笔1只。

操作程序：

(1) 依据钻井地质设计填写井号、井别区块、构造位置。

(2) 依据录井综合记录填写开钻日期、完钻日期、完钻井深。

(3) 根据实际填写录井队号、地质技术负责人、层位、岩心直径。

(4) 依据岩心描述记录填写筒次、取心井段、进尺、心长、收获率、砂岩长度、取样块数。

(5) 查看岩心实物填写起止盒号、编号块数。

(6) 计算各项目合计值。

76. 填写完钻测井通知单

准备工作：

(1) 正确穿戴劳动保护用品。

(2) 设备、工用具、材料准备：本井钻井地质设计1份，测井通知单若干张，油气显示统计表1本，录井综合记录1本，钻井液使用情况记录1本，实时数据表1份，钢笔或碳素笔1只。

操作程序：

(1) 依据钻井地质设计填写井号、井别、坐标值、测井类型、测井项目、测量井段。

(2) 依据录井综合记录填写开钻日期、完钻日期、完钻井深、测时井深、钻头程序、套管程序、钻井液停止循环时间。

(3) 依据实时数据表填写钻开油层时间。

(4) 依据油气显示统计表填写油气层顶深、底深。

(5) 根据实际情况填写测井队号、测井队到井时间、测井系列、井身质量和钻井队号。

77. 录入录井综合记录

准备工作：

(1) 正确穿戴劳动保护用品。

(2) 设备、工用具、材料准备：计算机1台，打印机1台，钻井地质设计1份，原始录井综合记录1份，A4打印纸若干张。

操作程序：

(1) 双击"现场报表系统"快捷方式，进入录井现场处理系统主界面。

(2) 点击现场报表系统界面左上角井架图标创建新井数据库。

(3) 在井场数据库设置中单击创建新井模板，在选择区域中选择本井所属盆地名称，在井号一栏中输入本井井号（如"葡79"不输入井字），点击创建，选择数据库存储位置并确定，后在井场数据库设置中点击指定数据库路径并浏览本井的dbf库后点击确定。

(4) 双击"现场报表系统"快捷方式，进入录井现场处理系统主界面。

（5）单击"基础信息"中的"基本数据"并输入井位数据、录井情况、钻头使用情况等相关信息。

（6）单击录井现场处理系统主界面"录井综合记录"键，进入"录井综合记录"录入窗口。

（7）根据原始录井综合记录，按照窗口中时间顺序输入日期、井深、主要数据并保存，然后用鼠标左键圈定打印区域，并点击"文件"中的打印，在打印内容中点击选定区域，并点击确定。

78. 录入钻井取心描述记录

准备工作：

（1）正确穿戴劳动保护用品。

（2）设备、工用具、材料准备：计算机1台，打印机1台，钻井地质设计1份，原始钻井取心描述记录1份，A4打印纸若干张。

操作程序：

（1）双击"现场报表系统"快捷方式，进入录井现场处理系统主界面。

（2）点击现场报表系统界面左上角井架图标创建新井数据库。

（3）在井场数据库设置中单击创建新井模板，在选择区域中选择本井所属盆地名称，在井号一栏中输入本井井号（如"葡79"不输入井字），点击创建，选择数据库存储位置并确定，后在井场数据库设置中点击指定数据库路径并浏览本井的 dbf 库后点击确定。

（4）双击"现场报表系统"快捷方式，进入录井现场处理系统主界面。

(5) 单击基础信息中的基本数据并输入井位数据、录井情况、钻头使用情况等相关信息。

(6) 单击录井现场处理系统主界面"钻井取心记录"键,进入"钻井取心记录1"录入窗口。

(7) 单击报表左下角的"单筒数据"页面,输入取心筒次、顶界深度、底界深度、进尺、岩心长度、收获率、顶界层位名称和底界层位名称,保存该数据。

(8) 单击报表左下角的"岩心描述"页面。根据原始钻井取心记录录入取心筒次、岩心编号数、累计长度、颜色、含油级别、含有物、岩石名称和岩心描述等数据,然后点"代码转换"和"辅助数据计算",保存该数据。

(9) 点击"统计数据",系统会自动统计含油产状等数据。

(10) 单击报表左下角的"岩样数据"页面。根据原始钻井取心记录录入取心筒次、累计长度、岩样编号、岩样长度和距顶位置,保存该数据。

(11) 所有记录输入后,单击报表左下角的"打印"页面,进入钻井取心记录打印窗口,输入取心筒次,注意不能带"筒"字,再单击"调用本筒数据"键,单击"打印报表"键预览报表,进入记录电子文档界面,检查无误后,单击"打印"键,输出报表。

79. 录入岩屑描述记录

准备工作:

(1) 正确穿戴劳动保护用品。

(2) 设备、工用具、材料准备:计算机1台,打印机1台,钻井地质设计1份,原始岩屑描述记录1份,A4打印纸若干张。

操作程序：

（1）双击"现场报表系统"快捷方式，进入录井现场处理系统主界面。

（2）点击现场报表系统界面左上角井架图标创建新井数据库。

（3）在井场数据库设置中单击创建新井模板，在选择区域中选择本井所属盆地名称，在井号一栏中输入本井井号（如"葡79"不输入井字），点击创建，选择数据库存储位置并确定，后在井场数据库设置中点击指定数据库路径并浏览本井的 dbf 库后点击确定。

（4）双击"现场报表系统"快捷方式，进入录井现场处理系统主界面。

（5）单击基础信息中的基本数据并输入井位数据、录井情况、钻头使用情况等相关信息。

（6）单击录井现场处理系统主界面"岩屑"键，进入"岩屑描述记录 sheet1"录入窗口。

（7）并将捞取岩屑的序号、层位、井深1、井深2及颜色、含油级别、含油物、岩石名称、岩性描述规范的输入到岩屑表述记录中。

（8）输入完毕后点击"代码转换"，出现"代码转换结束"后点击确定。

（9）在荧光界面中点击"调用数据"，并出现"荧光数据调用结束"后点击确定。

（10）在打印界面中点击调用数据，并出现"调用数据结束"后点击确定，确认内容无误后保存。

（11）用鼠标圈定打印区域并点击打印界面下的打印报表，在打印内容中点击选定区域，并点击确定。

80. 录入钻井液使用情况记录

准备工作：

(1) 正确穿戴劳动保护用品。

(2) 设备、工用具、材料准备：计算机 1 台，打印机 1 台，钻井地质设计 1 份，原始钻井液使用情况记录 1 份，A4 打印纸若干张。

操作程序：

(1) 双击"现场报表系统"快捷方式，进入录井现场处理系统主界面。

(2) 点击现场报表系统界面左上角井架图标创建新井数据库。

(3) 在井场数据库设置中单击创建新井模板，在选择区域中选择本井所属盆地名称，在井号一栏中输入本井井号（如"葡79"不输入井字），点击创建，选择数据库存储位置并确定，后在井场数据库设置中点击指定数据库路径并浏览本井的 dbf 库后点击确定。

(4) 双击"现场报表系统"快捷方式，进入录井现场处理系统主界面。

(5) 单击基础信息中的基本数据并输入井位数据、录井情况、钻头使用情况等相关信息。

(6) 单击录井现场处理系统主界面"钻井液"键，进入"钻井液"录入窗口。

(7) 并将测量时间，井深（迟到井深）、钻井液性能和处理剂名称及测量人姓名输入到界面中，每班一次全套性能输入界面中。

(8) 用鼠标圈定打印区域并点击打印界面下的打印报表，在打印内容中点击选定区域，并点击确定。

81. 绘制随钻岩屑录井图

准备工作：

(1) 正确穿戴劳动保护用品。

(2) 设备、工用具、材料准备：计算机1台，打印机1台，单井完整数据文件夹（含 Excel 和 dbf 数据库资料），B4打印纸若干张。

操作程序：

(1) 将本井单井完整数据文件夹数据盘插入计算机光驱，复制本井数据。

(2) 双击"录井图数据处理"快捷方式，进入现场数据处理界面，在现场数据位置窗口中浏览本井数据文件夹下的 dbf 文件夹，并选定，在井号项目窗口中输入井号，单击"数据导入"键进行数据导入，单击"数据提取"键进行数据提取，单击"退出"键退出现场数据处理界面。

(3) 双击"绘制录井图"快捷方式，打开录井综合图处理系统界面，再单击进入 Auto CAD 绘图界面。

(4) 在"Start Up"窗口中，选择"more files"项，单击"OK"键进入"select file"窗口，打开"新规范图模板"。

(5) 单击"绘制图形"工具栏，在下拉菜单中单击"1∶500随钻岩屑录井图"项，绘制本井随钻岩屑录井图。

(6) 单击"绘制图形"工具栏，在下拉菜单中单击"图例绘制"项，比例输入500，段数输入1，顶界井深输入0，底界井深输入本井井深，绘制图例列数输入1、2或3，单击回车键绘制本井随钻岩屑录井图图例。

(7) 单击打印机图标键，进入打印设置窗口，在 Additional Parameters 栏中输入50，在 Paper Size and Orientation 栏中选择"MM"项，在 Scale Rotation and Origin 栏中输入1，在

Plot Preview 栏中选择"Full"项。

(8) 单击"Window"键进入"Window Selection"窗口,在 First Corner 栏 X 窗口中输入"-230",Y 窗口中输入"-270",在 Other Corner 栏 X 窗口中输入"15",Y 窗口中输入"75",单击"OK"键确定并关闭该窗口。

(9) 单击"Device and Default Selection"键进入"Device and Default Selection"窗口,单击"Change"键进入"打印设置"窗口,纸张选择"B4项",方向选择"纵向",单击"确定"键确认并关闭该窗口,单击"OK"键确认并关闭"Device and Default Selection"窗口。

(10) 单击"Preview"键进入打印预览窗口,检查无误后,单击打印键,进入打印窗口,单击"OK"键打印随钻岩屑录井图。

82. 绘制岩心录井草图

准备工作:

(1) 正确穿戴劳动保护用品。

(2) 设备、工用具、材料准备:计算机 1 台,打印机 1 台,单井完整数据文件夹(含 Excel 和 dbf 数据库资料),B4 打印纸若干张。

操作程序:

(1) 将本井 ljxcdb 文件夹数据盘插入计算机光驱,复制本井数据。

(2) 双击"录井图数据处理"快捷方式,进入现场数据处理界面,在现场数据位置窗口中浏览本井数据文件夹下的 dbf 文件夹,并选定,在井号项目窗口中输入井号,单击"数据导入"键进行数据导入,单击"数据提取"键进行数据提取,单击"退出"键退出现场数据处理界面。

(3) 双击"绘制录井图"快捷方式,打开录井综合图处理系统界面,再单击进入 AutoCAD 绘图界面。

(4) 在"Start Up"窗口中,选择"more files"项,单击"OK"键进入"select file"窗口打开"新规范图模板"。

(5) 单击"绘制图形"工具栏,在下拉菜单中单击"绘制100(或者200)随钻岩心录井图"项,绘制本井1:100(或者1:200)岩心录井图。

(6) 单击"绘制图形"工具栏,在下拉菜单中单击"图例绘制"项,比例输入100(或者200),段数输入取心段数,按照每段岩心的顶底井深输入顶、底界井深,绘制图例列数输入1、2或3,单击回车键绘制本井岩心录井图图例。

(7) 单击打印机图标键,进入打印设置窗口,在 Additional Parameters 栏中输入50,在 Paper Size and Orientation 栏中选择"MM"项,在 Scale Rotation and Origin 栏中输入1,在 Plot Preview 栏中选择"Full"项。

(8) 单击"Window"键进入"Window Selection"窗口,在 First Corner 栏 X 窗口中输入"-190",Y 窗口中输入"-270",在 Other Corner 栏 X 窗口中输入"15",Y 窗口中输入"75",单击"OK"键确定并关闭该窗口。

(9) 单击"Device and Default Selection"键进入"Device and Default Selection"窗口,单击"Change"键进入"打印设置"窗口,纸张选择"B4项",方向选择"纵向",单击"确定"键确认并关闭该窗口,单击"OK"键确认并关闭"Device and Default Selection"窗口。

(10) 单击"Preview"键进入打印预览窗口,检查无误后,单击打印键进入打印窗口,单击"OK"键打印岩心录井图。